NORBERT SACHSER

DER MENSCH IM TIER

Warum Tiere uns im Denken, Fühlen und Verhalten oft so ähnlich sind

ROWOHLT

2. Auflage Juli 2018
Copyright © 2018 by Rowohlt Verlag GmbH,
Reinbek bei Hamburg
Lektorat Frank Strickstrock
Satz aus der Mercury Text G3, InDesign
Gesamtherstellung CPI books GmbH, Leck, Germany
ISBN 978 3 498 06090 9

Für Claudi

INHALT

9 Vorwort

15 KAPITEL 1
TYPISCH MENSCH, TYPISCH TIER?
Die Revolution des Tierbildes – eine Einführung

37 KAPITEL 2
DER ROTE EMIL IST NICHT GERN ALLEINE
Über Verhalten, Stress und den Segen sozial stabiler Verhältnisse

65 KAPITEL 3
WENN DIE KATZE SPIELT, GEHT ES IHR GUT
Über Wohlergehen, Emotionen und tiergerechtes Leben

101 KAPITEL 4
WAS IST ANGEBOREN, WAS ERWORBEN?
Gene, Umwelt und Verhalten: Neue Antworten auf eine alte Frage

139 KAPITEL 5
VON KLUGEN HUNDEN UND INTELLIGENTEN RABEN
Alle Tiere können lernen, viele können denken und manche erkennen sich selbst

169 KAPITEL 6
TIERPERSÖNLICHKEITEN
Die Entwicklung des Verhaltens und
die Entdeckung der Individualität

201 KAPITEL 7
SIE HELFEN UND SIE TÖTEN
Die soziobiologische Revolution und
der Egoismus der Gene

239 KAPITEL 8
TIERE WIE WIR
Ein Resümee

247 Benutzte und empfohlene Literatur

VORWORT

Die meisten von uns interessieren sich von Kindheit an für Tiere. Ihr Verhalten fasziniert uns. Ganz gleich ob im Web, im TV oder in den Print-Medien: Was Tiere machen, garantiert immer hohe Aufmerksamkeit. Doch das, was die Gesellschaft über Tiere denkt, wie sie ihr Verhalten deutet und erklärt und wie sie mit den Tieren umgeht, verändert sich im Laufe der Zeit. Und gerade in den vergangenen Jahren erleben wir einen fundamentalen Wandel. Die wissenschaftliche Disziplin, die hierfür maßgeblich verantwortlich zeichnet, ist die Verhaltensbiologie. Sie beschreibt das Verhalten der Tiere, ermittelt die Ursachen, die ihm zugrunde liegen, und analysiert die Konsequenzen, die sich daraus ergeben. Dieses Buch wendet sich an alle, die sich für das Verhalten von Tieren und den Wandel des wissenschaftlichen Tierbildes interessieren und erfahren möchten, was die Forschung tatsächlich über das Denken, Fühlen und Verhalten von Tieren weiß.

Bis zur Fertigstellung dieses Buches war es ein weiter Weg. Erste Ideen, die ihm zugrunde liegen, entstanden bereits Mitte der 1990er Jahre. Damals lud mich der Priester und Zoologe Rainer Hagencord ein, einen Vortrag vor der katholischen Hochschulgemeinde in Münster zu halten. Angesichts immer größer werdender ökologischer und bioethischer Problemstellungen hatte er es sich auf die Fahnen geschrieben, den interdisziplinären Dialog zwischen den Naturwissenschaften einerseits sowie Theologie und Philosophie andererseits voranzubringen. Ich wählte als Vortragsthema «Der Mensch: Die Krone der

Schöpfung? Über das Denken, Fühlen und Verhalten der Tiere». Hier entwickelte ich erstmals anhand verhaltensbiologischer Daten und Argumenten die Kernaussage, die in diesem Buch vertreten wird: Wir Menschen sind den Tieren nähergerückt; es steckt sehr viel mehr Mensch im Tier, als wir uns vor wenigen Jahren noch haben vorstellen können. Wie sehr diese These in den folgenden Jahren durch die Erkenntnisse der Verhaltensbiologie untermauert werden sollte, ahnte ich damals nicht.

Der Titel dieses Buches – «Der Mensch im Tier» – geht auf ein gleichnamiges Projekt bei den UniKunstTagen 2000 in Münster zurück, welches, initiiert durch meinen Kollegen Reinhard Hoeps, das Gespräch zwischen Naturwissenschaft und Kunst suchte. Die Interaktion der Künstlerinnen und Künstlern mit uns Biologen führte nicht nur zu bemerkenswerten Kunstwerken – Silke Rehbergs «Meerschweinchen in Blau», Rundbilder aus glasierten Terrakotta-Reliefs, prangen seitdem prominent an der Fassade unseres Institutsgebäudes. Sie schärfte auch mein Bewusstsein dafür, dass nicht nur sehr viel Tier im Mensch zu finden ist, sondern auch umgekehrt sehr viel Mensch im Tier. Und das ist für mich seitdem die wesentlich spannendere Perspektive.

Dass es Jahre später zu diesem Buch kam, ist letztlich der Überzeugungskraft und Hartnäckigkeit meines Lektors Frank Strickstrock zu verdanken. Er war auf das Statement «Wir erleben gegenwärtig eine Revolution des Tierbildes» aufmerksam geworden, das ich ursprünglich in einem Gespräch mit dem *Spiegel* abgegeben hatte. Bei seinem Besuch in Münster fragte er, ob ich mir vorstellen könne, ein Sachbuch über dieses Thema zu schreiben. Ich stand der Idee zunächst zögernd gegenüber, ließ mich in den folgenden Treffen aber immer stärker dafür begeistern.

Nun liegt das Buch vor! Ich behandle sechs Themen der Verhaltensbiologie, die zentral für die grundlegende Veränderung des wissenschaftlichen Tierbildes sind und dazu geführt haben, die Kluft zwischen Mensch und Tier ganz wesentlich zu verringern. Um Missverständnissen vorzubeugen: In die Auswahl der Themen gingen zugegebenermaßen auch meine persönlichen Forschungsinteressen ein und natürlich kann sie nur einen Ausschnitt der zeitgenössischen Verhaltensbiologie widerspiegeln. Für die Leserinnen und Leser sei angemerkt: Jedes Kapitel dieses Buches ist aus sich heraus verständlich; die einzelnen Kapitel bauen nicht aufeinander auf. Wen also das Thema «Wohlergehen, Emotionen und ein tiergerechtes Leben» am meisten interessiert, der kann mit Kapitel 3 beginnen, wer sich lieber zuerst mit den «Tierpersönlichkeiten» beschäftigen möchte, startet mit Kapitel 6.

Allein hätte ich meinen Weg in der Wissenschaft so nicht gehen können, und ohne die Unterstützung anderer würde es dieses Buch nicht geben. Deshalb gilt mein Dank vielen! Schon meine Eltern haben mein Interesse an Forschung von klein auf an gefördert und mich auf meinem Weg bedingungslos unterstützt. Meine akademischen Lehrer und Mentoren, allen voran Klaus Immelmann, Hubert Hendrichs und Dietrich von Holst, haben mich durch ihr Vorbild geprägt und mir gezeigt, was «gute Wissenschaft» ist. Unsere Forschung der letzten Jahrzehnte wäre nicht ohne die großartigen Mitarbeiterinnen und Mitarbeiter in meinen Teams möglich gewesen, von denen viele heute selbst Professorinnen und Professoren sind oder andere wichtige Positionen bekleiden. Unverzichtbar für diese Forschung war immer auch der wissenschaftliche Austausch mit Forscherinnen und Forschern aus der ganzen Welt. Dank an die Kolleginnen und Kollegen der «Münster Graduate School of Evolution», mit denen ich in den letzten Jahren viele stimulierende Diskussionen weit über die Grenzen des eigenen Faches hinaus geführt habe.

Ferner möchte ich der Deutschen Forschungsgemeinschaft danken, weil sie unsere Studien seit Jahrzehnten finanziell großzügig unterstützt. So wurden unsere Forschungsergebnisse, die in Kapitel 2 eingehen, in dem Projekt «Sozialphysiologie» gefördert und eine Reihe der in Kapitel 3 und 4 beschriebenen Studien gehen auf unsere Projekte im Sonderforschungsbereich «Furcht, Angst, Angsterkrankung» zurück. Viele der in Kapitel 6 dargestellten Einsichten haben wir im Rahmen der Forschergruppe «Frühe Erfahrung und Verhaltensplastizität» sowie des Sonderforschungsprogramms «Das Individuum und seine ökologische Nische» gewonnen, und unsere in Kapitel 7 beschriebenen Forschungsarbeiten wurden im Schwerpunktprogramm «Genetische Analyse von Sozialsystemen» durchgeführt.

Als eine erste Version des Buchs fertiggestellt war, haben sich eine Reihe geschätzter Verhaltensbiologinnen und Verhaltensbiologen bereit erklärt, einzelne Kapitel aufmerksam durchzusehen. Herzlichen Dank dafür an Oliver Adrian, Rebecca Heiming, Niklas Kästner, Sylvia Kaiser, Helene Richter und Tobias Zimmermann. Bedanken möchte ich mich auch bei Claudia Böger, meiner Frau. Als promovierte Geisteswissenschaftlerin hat sie meine Forschung seit mehr als drei Jahrzehnten interdisziplinär und konstruktiv begleitet. Ihre kritische Durchsicht des Manuskripts und ihre vielen hilfreichen Vorschläge haben wesentlich zur Entstehung dieses Buches beigetragen.

Münster, im März 2018   Norbert Sachser

Tat tvam asi

Diese Worte in Sanskrit ließ der berühmte Evolutionsbiologe Bernhard Rensch vor mehr als 50 Jahren groß und deutlich an die Wand des Tierhaltungsraums seines Instituts an der Universität Münster malen; so berichtete seine Schülerin Gerti Dücker. Sie bedeuten «Das bist Du».

KAPITEL 1

TYPISCH MENSCH, TYPISCH TIER?

*Die Revolution des Tierbildes –
eine Einführung*

In der Verhaltensbiologie hat eine Revolution des Tierbildes stattgefunden. Sie hat weitreichende Folgen für das Selbstverständnis des Menschen und seine Beziehung zu Tieren. Noch vor wenigen Jahrzehnten lauteten zwei wesentliche verhaltensbiologische Dogmen: Tiere können nicht denken, und über ihre Emotionen können keine Aussagen getroffen werden. Heute hält dieselbe Wissenschaft beide Aussagen für falsch und vertritt das genaue Gegenteil: Tiere mancher Arten sind zu einsichtigem Verhalten fähig; sie können denken. Sie erkennen sich im Spiegel, und bei ihnen sind zumindest Ansätze von Ich-Bewusstsein vorhanden. Tiere mancher Arten haben Emotionen, die denen des Menschen bis in verblüffende Details vergleichbar sind. Dieselben Situationen, die in uns positive oder negative Gefühle hervorrufen, zum Beispiel, wenn wir uns verlieben oder von einem Partner trennen, bewirken dies offenbar auch bei unseren tierlichen Verwandten.

In der Tat: Das Tierbild der modernen Verhaltensbiologie hat in den vergangenen Jahrzehnten einen so gravierenden Wandel erfahren, dass von einem Paradigmenwechsel gesprochen werden kann. So ist der Gegensatz vom vernunftgesteuerten *Homo sapiens* einerseits und dem instinktgesteuerten Tier andererseits schon lange nicht mehr haltbar, und es stellt sich die Frage:

Was unterscheidet uns denn eigentlich von den Tieren? Wie viel Mensch steckt bereits im Tier?

Parallel zu dieser Entwicklung in den Biowissenschaften hat sich auch die öffentliche Wahrnehmung davon, wie nah wir Menschen den Tieren stehen, entscheidend verändert. Wenn Biologiestudierenden vor einigen Jahrzehnten Fotos von einem Goldfisch, einem Schimpansen und einem Menschen mit der Bitte präsentiert worden wären, spontan zwei Kategorien zu bilden, so wäre das Ergebnis eindeutig ausgefallen: Mehr als 90 Prozent hätten den Menschen in die erste Kategorie eingeordnet, den Schimpansen und den Fisch in die zweite – weil sie ja Tiere sind. Wenn heute Studierenden der Biologie im ersten Semester dieselbe Frage gestellt wird, so ergibt sich ein völlig anderes Bild: Deutlich mehr als 50 Prozent sehen den Menschen und den Schimpansen gemeinsam in einer Kategorie und den Goldfisch in der anderen. Offenbar sind Mensch und Tier einander nähergerückt.

Bestätigt wird dies durch das Schicksal eines dritten Dogmas. Jahrzehntelang wurde gelehrt: Tiere verhalten sich zum Wohle der Art. Sie töten in der Regel keine Artgenossen und helfen einander bis zur Aufopferung. Heute wissen wir, dass das so nicht stimmt. Vielmehr tun Tiere alles, damit Kopien ihrer eigenen Gene mit maximaler Effizienz in die nächste Generation gelangen, und wenn es dafür hilfreich ist, so bringen sie auch Artgenossen um. Offenbar sind Tiere nicht die «besseren Menschen».

Auch in anderen Bereichen verwischt sich die Kluft zwischen Mensch und Tier. So führen bei beiden die gleichen Merkmale der sozialen Umwelt zu Stress, und ganz ähnliche Faktoren können den Stress bei Mensch und Tier effektiv puffern. Gene und Umwelt spielen bei beiden auf die gleiche Art und Weise zusammen und formen so das Denken, Fühlen und Verhalten. Auch bei Tieren verläuft die Entwicklung des Verhaltens nicht starr:

Umwelteinflüsse, Sozialisation und Lernen können sie von der vorgeburtlichen Phase bis ins Erwachsenenalter modifizieren. Letztlich erscheinen auch Tiere bei näherer Betrachtung individualisiert, und deshalb wird in der Verhaltensbiologie mittlerweile von Tierpersönlichkeiten gesprochen.

Dieses Buch wird zeigen, wie und warum sich das wissenschaftliche Bild vom Verhalten der Tiere so fundamental verändert hat. Der Schwerpunkt wird dabei auf einer Tiergruppe liegen, zu der wir als Menschen biologisch gesehen ebenfalls gehören: den Säugetieren, die mit fast fünfeinhalbtausend Arten die unterschiedlichsten Lebensräume unseres Planeten besiedeln. Löwen und Zebras bewohnen die Savanne, Gorillas und Orang-Utans die tropischen Regenwälder; Fenneks leben in Sandwüsten, Eisbären in der Polarregion; Maulwürfe und Nacktmulle führen ein unterirdisches Leben, Fledermäuse und Flughunde haben sich den Luftraum erschlossen, Wale und Robben sind perfekt an das Leben im Wasser angepasst.

Mit den Säugetieren haben wir Menschen sehr viel gemeinsam, beispielsweise den Großteil unserer Gene. Die Übereinstimmung mit unseren nächsten Verwandten, den Bonobos und Schimpansen, beträgt in diesem Punkt fast 99 Prozent. Oder blicken wir auf den Aufbau des Gehirns: Er ist bei allen Säugetieren prinzipiell identisch. Insbesondere die stammesgeschichtlich alten Teile, etwa das limbische System, zeigen Übereinstimmungen bis in kleinste Details. So dürfte beispielsweise die Furchtreaktion beim Anblick einer Schlange bei Menschen, Schimpansen und Totenkopfaffen durch exakt dieselben neuronalen Prozesse gesteuert sein. Oder die physiologischen Regulationssysteme: Bei allen Säugetieren einschließlich des Menschen sind es die gleichen Hormone, die es dem Organismus ermöglichen, mit Stresssituationen fertigzuwerden, sich an wechselnde Umweltbedingungen anzupassen oder sich fortzupflanzen. Tatsächlich ist die Produktion der Sexualhormone

Testosteron und Östradiol, der Stresshormone Adrenalin und Cortisol oder des Hormons der Liebe, Oxytocin, kein «Privileg» der Menschen, sie kommen vielmehr bei den unterschiedlichsten Arten in gleicher Form vor, von der Fledermaus über das Nashorn bis zum Delfin.

Aus Ähnlichkeiten in den Genen, der Organisation des Gehirns oder der Funktion des Hormonsystems kann aber nicht automatisch auf Gemeinsamkeiten im Denken, Fühlen und Verhalten geschlossen werden. Dazu bedarf es schon der gezielten Untersuchung dieser Merkmale sowohl beim Menschen als auch beim Tier. Die wissenschaftliche Disziplin, die sich dieser Aufgabe bei den Tieren widmet, ist die Verhaltensbiologie. Einer ihrer Gründerväter, der Nobelpreisträger Nikolaas Tinbergen, hat dieses Forschungsgebiet knapp und treffend als «das Studium des Verhaltens mit biologischen Methoden» definiert.

Das Studium des Verhaltens mit biologischen Methoden

Was diese Definition besagt, lässt sich sehr einfach am Verhältnis von Tierkenntnis und verhaltensbiologischem Wissen verdeutlichen: Tierkenntnis ist sicher eine notwendige Voraussetzung für verhaltensbiologische Untersuchungen; sie ist aber keine hinreichende Fähigkeit, um wissenschaftliche Aussagen über das Verhalten der Tiere zu treffen. Die beiden Begriffe sind also keineswegs gleichbedeutend. Nicht jeder, der mit Tieren umgeht und Aussagen über das Verhalten von Tieren macht, ist damit ein Verhaltensforscher, wenngleich Menschen mit engem Kontakt zu Tieren über eine ausgezeichnete Kenntnis des Verhaltens ihrer Tiere verfügen können. Meine Großmutter zum Beispiel lag mit den Prognosen über das Verhalten unseres

Hundes immer richtig. Man tat gut daran, Warnungen wie «Pass auf, gleich wird er beißen» ernst zu nehmen. Ihr Wissen war aber keineswegs Wissen in einem verhaltensbiologischen Sinne. Wenn ich sie gefragt hätte, woher sie es bezieht, hätte sie gesagt: «Das weiß ich eben», oder: «Das sieht man doch.» Es handelte sich um intuitives Erkennen, das durch Erfahrung erworben wurde. Natürlich können Erfahrungs- und intuitives Wissen genauso zutreffen wie wissenschaftliche Erkenntnis. Das Problem ist nur: Es muss nicht so sein, und es ist sehr schwer zu entscheiden, wann es so ist und wann nicht. Nehmen wir nur einmal Eigenschaften, die der Volksmund vielen Tieren zuordnet und die als Beleidigung Eingang in den menschlichen Wortschatz gefunden haben: die diebische Elster, die dumme Gans, die falsche Schlange oder die Rabenmutter. Ob solche Zuschreibungen zutreffend sind oder nicht, kann letztlich nur durch verhaltensbiologische Untersuchungen geklärt werden. Und diese zeigen: Es handelt sich um Vorurteile. Wissenschaftlich belegen lassen sich diese Aussagen nicht.

Was genau zeichnet verhaltensbiologisches Wissen also aus? Wie bei jeder wissenschaftlichen Erkenntnis muss vermittelt werden können, mit welchem Vorgehen und welchen Methoden diese Erkenntnis erzielt worden ist. Das traf auf die Tierkenntnis meiner Großmutter eben nicht zu. Es reicht für verhaltensbiologische Untersuchungen nicht aus, sich vor eine Gruppe von Tieren zu setzen, ihr Verhalten auf sich einwirken zu lassen und danach seine subjektiven Eindrücke zu schildern. Zunächst einmal müssen die Verhaltensweisen der Tierart, die wir untersuchen, in einem sogenannten Ethogramm aufgelistet und definiert werden. Anschließend werden die für die jeweilige Fragestellung geeigneten Verhaltensweisen mit einer angemessenen Datenerfassungsmethode registriert. In Untersuchungen zum sozialen Leben der Tiere würde beispielsweise festgehalten, wie häufig und wie lange jedes Tier soziopositives, das heißt freundliches Verhalten gegenüber jedem anderen Gruppenmitglied, zeigt, wie häufig es zum Initiator oder Ziel von aggressivem Verhalten wird, welches Tier wie häufig der nächste Nachbar anderer Tiere ist und welches Männchen sich mit welchem Weibchen paart. Früher ausschließlich mit Bleistift und Papier festgehalten, erfolgt die Aufnahme der Verhaltensdaten heute computergestützt mit Hilfe anspruchsvoller Software, ebenso wie die Auswertung der Daten und die statistische Absicherung der Ergebnisse.

Bleiben wir noch ein wenig bei den Untersuchungen zum sozialen Leben der Säugetiere. Sie zeigen ebenfalls, wie entscheidend da die richtige Wahl der Datenerfassungsmethode ist. Als vor einigen Jahrzehnten die ersten Studien im natürlichen Habitat der Tiere durchgeführt wurden, kam häufig die Methode der *Ad libitum*-Datenerfassung zum Einsatz: Alle Tiere einer Gruppe wurden gleichzeitig beobachtet, und die Wissenschaftler registrierten alle Verhaltensweisen, die sie bemerkten. Dies wirft jedoch ein riesiges Problem auf, welches die Wahrnehmungspsychologie seit langem kennt: Wir Menschen richten unsere Aufmerksamkeit vor allem auf das, was laut, auffällig und markant ist, und vernachlässigen Ereignisse, die leise, unauffällig und subtil ablaufen. In vielen Säugetiergesellschaften ist das Verhalten der Männchen, vor allem in Interaktionen mit Artgenossen, hervorstechender, ausdrucksstärker und lauter als das der Weibchen; Auseinandersetzungen mit anderen Männchen sind häufig durch auffällige Vokalisation charakterisiert. Wendet man die *Ad libitum*-Datenerfassungsmethode an, werden zwangsläufig dazu deutlich mehr Daten von den Männchen als von den Weibchen gesammelt. Dies dürfte wesentlich dazu beigetragen haben, dass die Männchen in vielen Säugetiergesellschaften als dominant und tonangebend, die Weibchen eher als passiv und unterlegen beschrieben worden sind.

Nachdem dieses methodische Problem erkannt worden war,

wurde die *Ad libitum*- durch die Methode der Fokustierbeobachtung ersetzt. Hier wird nach einem zuvor festgelegten Plan jedes Tier der Gruppe gleich lange beobachtet, und zwar unabhängig davon, was die anderen Tiere gerade tun. Auf diese Weise wird erreicht, dass tatsächlich jedes Tier der Gruppe und mit derselben Aufmerksamkeit beobachtet wird. Die so erfassten Daten trugen wesentlich dazu bei, das Bild von der Rolle der Weibchen in Säugetiergesellschaften zu revidieren. Heute wissen wir: Sie sind keineswegs passiv; sie interagieren nur häufig auf subtilere Art und Weise als die Männchen, ohne dabei weniger erfolgreich zu sein. So konstatieren neuere Lehrbücher der Verhaltensbiologie, dass es in Affengesellschaften häufig die Weibchen sind, die die wichtigsten Entscheidungen treffen.

In der Zusammenschau präsentieren verhaltensbiologische Untersuchungen zum sozialen Leben der Säugetiere eine große Vielfalt: Viele Arten, insbesondere der Primaten, leben dauerhaft in festen Gruppen, die aus mehreren erwachsenen Männchen und mehreren erwachsenen Weibchen bestehen. Sehr viele Säugetierarten leben aber auch als Einzelgänger, beispielsweise der Tiger. Einige Arten organisieren sich in Harems, so die Steppenzebras. Bei anderen Arten finden sich enge, zum Teil lebenslange Bindungen zwischen den Weibchen einer Gruppe, wie bei den Elefanten, die deshalb auch als das stärkste Matriarchat im Tierreich bezeichnet werden. Für einige wenige Arten wie die Geparden wurden langfristige Bindungen zwischen Männchen beschrieben. Bei einer kleinen südamerikanischen Affenart, dem Braunrückentamarin, treten regelmäßig Harems aus einem Weibchen und zwei Männchen auf. Interessanterweise kommt die vom Menschen favorisierte Lebensform, die Monogamie, bei den nichtmenschlichen Säugetieren nur selten vor: Nicht mehr als drei bis fünf Prozent der Arten organisieren sich in Paaren, wie beispielsweise die nordamerikanische Präriewühlmaus. Keiner unserer nächsten biologischen Verwandten – Bonobo, Schimpanse, Gorilla, Orang-Utan – lebt dauerhaft in dieser Form. Verhaltensbiologische Erkenntnis erfordert nicht nur, dass die Untersuchungen methodisch sauber durchgeführt werden. Die ermittelten Ergebnisse müssen auch reproduzierbar sein. Wenn eine Arbeitsgruppe in einem Experiment in Berlin zeigt, dass Bienen sich am Stand der Sonne orientieren können, dann muss dieses Ergebnis auch für andere Forscher in London oder Tokio mit demselben Experiment nachweisbar sein.

Wie wichtig das Kriterium der Reproduzierbarkeit ist, lässt sich wunderbar an einer historischen Studie zeigen, in der es um die kognitiven Fähigkeiten eines Pferdes ging. Vor dem Ersten Weltkrieg erregte Wilhelm von Osten großes Aufsehen mit seinem Pferd, dem klugen Hans. Es konnte scheinbar einfache arithmetische Aufgaben bewältigen, die ihm von seinem Besitzer gestellt wurden – addieren, subtrahieren, dividieren –, und die Lösungen durch Hufscharren oder Kopfnicken korrekt anzeigen. Dass ein Pferd eine solche geistige Leistung erbringen könnte, wurde bald von den damaligen Wissenschaftlern angezweifelt. Sie forderten eine Untersuchung, der Wilhelm von Osten auch zustimmte. In dieser Studie zeigte sich zunächst: Der kluge Hans war in der Lage, die Rechenaufgaben auch dann zu lösen, wenn sie nicht von seinem Besitzer, sondern von fremden Personen gestellt wurden. Wenn allerdings keine der anwesenden Personen das Ergebnis der Rechenaufgabe kannte, war auch der kluge Hans nicht mehr in der Lage, die richtige Lösung zu präsentieren. Das Pferd, so stellte sich heraus, verfügte über eine exzellente Sinneswahrnehmung, die es ihm erlaubte, feinste Nuancen in der Körperspannung der anwesenden Personen wahrzunehmen und hieraus zu schließen, wann es mit dem Hufscharren oder Kopfnicken aufhören musste. Rechnen konnte es aber nicht.

Dennoch hat der schlaue Hans die Forschung nachhaltig geprägt. Heute ist allgemein akzeptiert: Kognitive Leistungen von Tieren lassen sich nur dann wissenschaftlich sauber nachweisen, wenn sie als sogenannte Blindstudien durchgeführt werden: Der Experimentator darf die Lösung der Aufgabe, die dem Tier gestellt wird, nicht kennen. Nur so ist gewährleistet, dass es zu keiner unbewussten Hilfestellung kommt – dem «Clever-Hans-Effekt». Wilhelm von Osten war sicher kein Scharlatan. Er war von den kognitiven Fähigkeiten seines Pferdes fest überzeugt. Auch heute schreiben viele Haustierbesitzer ihren Hunden oder Katzen herausragende kognitive Fähigkeiten zu, zum Beispiel: «Mein Hund versteht jedes Wort.» Ob dem tatsächlich so ist, kann aus der Alltagserfahrung allein jedoch nicht beurteilt werden. Diese Lektion hat der schlaue Hans uns eindrucksvoll gelehrt.

Die ureigene Methode der Verhaltensbiologie ist also die objektive und reproduzierbare Erfassung des Verhaltens. Je nach Fragestellung werden aber auch Techniken aus benachbarten Disziplinen hinzugezogen. So wird zur Positionsbestimmung von Tieren während des Vogelzugs modernste Satellitentechnik angewandt; der Fortpflanzungs- oder Stresszustand wird durch Hormonmessungen analysiert, und die Bestimmung von Vaterschaften oder Verwandtschaftsbeziehungen findet mit Hilfe molekulargenetischer Methoden statt. Durch den Einsatz solcher Techniken können Erkenntnisse gewonnen werden, die allein durch die Beobachtung des Verhaltens nicht möglich sind. Ein Beispiel: Unsere einheimischen Singvögel leben in sozialer Monogamie und wurden mehrheitlich als der Inbegriff der Treue betrachtet. Die Überprüfung der Vaterschaften mit Hilfe des genetischen Fingerabdrucks ergab jedoch ein völlig anderes Bild: Der Großteil der Nachkommen, die sich im Nest befinden, stammt häufig nicht von dem Männchen, das zu diesem Nest gehört und das die Jungen füttert. Fremdgehen kommt offensichtlich nicht nur bei Menschen vor.

Eine kurze Geschichte der Verhaltensbiologie

Seit es Menschen gibt, haben sie sich für die Tiere ihres Lebensraums und deren Verhalten interessiert: um ihnen als Gefahr zu entgehen, um sie als Nahrung zu erlegen oder auch um sich an ihnen zu erfreuen. Die steinzeitlichen Höhlenmalereien von Altamira und Lascaux, die zu den ältesten Kunstwerken der Menschheitsgeschichte gehören, sind ein besonderes Zeugnis der Mensch-Tier-Beziehung in dieser frühen Zeit. Seit Tausenden von Jahren erschaffen Menschen dank ausgezeichneter Tierkenntnis durch Züchtung Haustiere aus Wildtieren und machen sie zu dauerhaften Begleitern ihres alltäglichen Lebens. Schafe, Schweine, Rinder und Ziegen wurden bereits vor etwa 10 000 Jahren domestiziert, und der Hund könnte bereits seit 30 000 Jahren ein treuer Gefährte des Menschen sein.

Vor etwa zweieinhalbtausend Jahren begannen die griechischen Philosophen, sich Gedanken über das Wesen von Mensch und Tier zu machen: Aristoteles sah einen fundamentalen Unterschied zwischen beiden, der sich vor allem in der fehlenden Vernunft der Tiere zeigte. Diese Sicht ist bis heute im Bewusstsein weiter Teile der Gesellschaft verankert: Der Mensch besitzt Vernunft, das Tier folgt seinen Instinkten.

Erste Ansätze empirisch-wissenschaftlicher Betrachtungen des tierlichen Verhaltens, die sich auf große Erfahrung im Umgang mit den Tieren gründeten, finden sich im Mittelalter. Kaiser Friedrich II., von Zeitgenossen Stupor mundi, das Staunen der Welt, genannt, verfasste im 13. Jahrhundert das Werk «De arte venandi cum avibus» / «Über die Kunst, mit Vögeln zu jagen». Es gilt als das erste wissenschaftliche Buch der abendländischen Vogelkunde. Wenn man so will, ist es auch die erste Publikation der Verhaltensbiologie.

In der Neuzeit beschrieben und systematisierten seit dem

16. Jahrhundert Naturforscher wie Konrad Gesner, Carl von Linné oder Jean-Baptiste de Lamarck die Tiere und Pflanzen, darunter viele Arten aus der von Europäern erstmals bereisten Welt. In diesen Schriften finden sich auch immer wieder Schilderungen und Überlegungen zum Verhalten der Tiere. Ansätze zu einer Verhaltensbiologie als wissenschaftlicher Disziplin gab es bis zur Mitte des 19. Jahrhunderts allerdings nicht.

Als Vater der Verhaltensbiologie kann – wie für viele andere biologische Teildisziplinen auch – der britische Naturforscher Charles Darwin gelten. In seinem 1859 veröffentlichten Buch «On the Origin of Species»/«Die Entstehung der Arten» legte er die Grundzüge der Evolutionstheorie dar, wie wir sie auch heute noch für richtig halten. Darwin verstand unter Evolution zweierlei: zum einen die Veränderung von Arten im Laufe der Zeit. Das heißt: Alle Tier- und Pflanzenarten wurden nicht ein für alle Mal gleichbleibend erschaffen, sondern verändern sich ständig in Aussehen und Verhalten. Zum anderen: die Abstammung von gemeinsamen Vorfahren. Das heißt: Alle heute auf der Erde existierenden Arten lassen sich auf gemeinsame Vorfahren zurückführen. Gehen wir beispielsweise acht bis zehn Millionen Jahre zurück, so finden wir weder Menschen noch Schimpansen auf unserem Planeten. Es existierte jedoch eine inzwischen ausgestorbene Affenart, von der sich sowohl der Schimpanse als auch der Mensch herleiten lässt. Darwin belegte nicht nur, dass eine Evolution stattgefunden hat, sondern er erkannte auch die Triebfeder hinter allen evolutiven Veränderungen: die natürliche Selektion.

Was ist unter diesem Schlüsselbegriff der Biologie zu verstehen? Darwin wusste, dass alle Organismen eine nahezu unbegrenzte Fähigkeit besitzen, sich fortzupflanzen. Sie erzeugen weit mehr Nachkommen, als Elterntiere vorhanden sind. Dieses gewaltige Vermehrungspotenzial wird jedoch nicht realisiert; vielmehr bleibt die Anzahl von Individuen einer Population mehr oder weniger konstant. Das heißt, der Großteil der Nachkommen geht zugrunde. Nur wenige überleben bis zur Geschlechtsreife, und noch weniger pflanzen sich anschließend fort. Deshalb muss es, laut Darwin, einen starken Wettbewerb ums Überleben und um knappe Ressourcen wie Nahrung, Fortpflanzungspartner oder geeigneten Lebensraum geben, den sogenannten Kampf ums Dasein. Es ist keinesfalls dem Zufall überlassen, welche Tiere überleben und sich fortpflanzen und welche zugrunde gehen. Vielmehr werden Individuen, die aufgrund ihrer erblichen Ausstattung besser an ihre Umwelt angepasst sind, weil sie zum Beispiel leichter Nahrung und Paarungspartner finden oder Fressfeinden mit höherer Wahrscheinlichkeit entgehen, eher überleben und einen höheren Fortpflanzungserfolg erzielen als Artgenossen, die in dieser Hinsicht weniger fähig sind. Die genetische Ausstattung, die es den Eltern erlaubt hat, zu überleben und sich erfolgreich fortzupflanzen, wird an die Nachkommen weitergegeben, während die genetische Ausstattung der Individuen, die sich nicht fortpflanzten, verloren geht. Durch diesen Vorgang der natürlichen Selektion werden die Tiere immer besser an ihre Umwelt angepasst.

In «The Origin of Species» ist ein Kapitel ausschließlich dem Verhalten gewidmet. Hier legt Darwin dar: Instinkte und das durch sie kontrollierte Verhalten werden genau wie alle anderen Merkmale des Organismus auch durch das Wirken der natürlichen Selektion verändert und damit besser an die Umwelt angepasst. Damit nimmt er ein zentrales Thema der Verhaltensökologie, eines wichtigen Teilgebiets der zeitgenössischen Verhaltensforschung, vorweg: die Anpassung des Verhaltens an die ökologischen Bedingungen. Darwin beschreibt ferner die Ähnlichkeit von Instinkten bei nah verwandten Arten, auch wenn sie in weit voneinander entfernten Teilen der Welt leben. Er führt beispielsweise die Drosseln an, von denen sowohl die südamerikanischen als auch die europäischen Arten ihr Nest mit

Schlamm auskleiden. Dass nah verwandte Arten in ihrem Ethogramm mehr gemeinsame Verhaltensweisen aufweisen als entfernt verwandte Spezies, wird Jahrzehnte später ein zentrales Dogma der Vergleichenden Verhaltensforschung sein.

1872 publizierte Darwin ein weiteres Buch: «The Expression of the Emotions in Man and Animals» / «Der Ausdruck der Gemütsbewegungen bei dem Menschen und den Tieren». Darin vertritt er die Ansicht: Bestimmte Formen der Mimik, insbesondere wenn sie basale Emotionen wie Freude, Trauer oder Zorn widerspiegeln, sind kulturunabhängig und damit angeboren. Ferner könnten einige Tierarten vergleichbare Emotionen wie wir Menschen besitzen, die sich in einer ähnlichen Mimik ausdrücken. Das Buch wurde bald nach dem Erscheinen ein Bestseller; in der Wissenschaft setzte es sich allerdings nicht durch und geriet lange Zeit nahezu in Vergessenheit. Ab den 1960er Jahren knüpfte Irenäus Eibl-Eibesfeldt an Darwins Thesen an und begründete die Humanethologie. Diese Teildisziplin der Verhaltensbiologie versucht jene Anteile im Verhalten des Menschen zu ergründen, welche angeboren sind. Tatsächlich konnte Eibl-Eibesfeldt universelle Gemeinsamkeiten in der Mimik des Menschen feststellen, als er Emotionen wie Freude, Trauer oder Ekel von Ethnien in Afrika, Südamerika und Asien verglich.

Die Emotionen der Tiere waren in der Verhaltensbiologie nach Darwin weit über ein Jahrhundert lang kein Thema gewesen; die These gemeinsamer Emotionen bei Mensch und Tier galt lange als politisch unkorrekt. In jüngerer Zeit, in den letzten zehn bis fünfzehn Jahren, hat sich das allerdings grundlegend geändert: Heute sind Emotionen ein zentrales Forschungsgebiet der Verhaltensbiologie, und vielleicht werden wir in diesem Zusammenhang eine Renaissance von Darwins «Expression of the Emotions» erleben.

Nach Charles Darwin interessierte sich etwa ein halbes Jahrhundert lang der Großteil der Biologen nicht speziell für das

Verhalten der Tiere: Systematik, Physiologie und Entwicklungsbiologie bildeten die Schwerpunkte der Forschung. Erst dann entstand durch die Schriften von Konrad Lorenz, Nikolaas Tinbergen und Karl von Frisch das Gebiet, das wir heute als Verhaltensbiologie bezeichnen.

Karl von Frisch erforschte, was Tiere mit ihren Sinnen wahrnehmen, wie sie sich orientieren und wie sich untereinander verständigen. So wies er erstmals nach: Fische können hören, Bienen sehen Farben, und sie orientieren sich mit Hilfe eines Sonnenkompasses. Bekannt wurde er einem breiten Publikum vor allem durch seine Untersuchungen zur Kommunikation. So fand er heraus: Wenn eine Biene auf einem Erkundungsflug eine lohnende Futterquelle findet, so teilt sie ihren Stockgenossinnen durch die Aufführung eines sogenannten Schwänzeltanzes mit, in welcher Richtung und Entfernung sich die Ressource befindet und um welche Nahrung es sich handelt. Karl von Frisch war der erste Wissenschaftler, der das Verhalten der Tiere durch die Abfolge logisch aufeinander aufbauender Experimente erforschte.

Einen noch größeren Einfluss auf die Entstehung der Verhaltensbiologie, die in ihren Anfangszeiten auch Ethologie oder Tierpsychologie genannt wurde, hatten die kongenialen Forscher Konrad Lorenz und Nikolaas Tinbergen. Erst durch ihre Arbeiten wurde in der Biologie akzeptiert: Das Verhalten kann genauso mit wissenschaftlichen Methoden untersucht werden wie alle anderen Merkmale der Tiere auch, beispielsweise ihre Anatomie, Morphologie oder Physiologie. Erst durch sie wurde die Beobachtung des Verhaltens als ernstzunehmende Methode etabliert. In seinen klassischen Studien beschrieb Lorenz das Verhalten verschiedener Entenarten bis in seine kleinsten Einheiten, die er als Erbkoordinationen bezeichnete. Er betrachtete sie also als angeboren, und sie waren bei allen Tieren einer Art weitestgehend gleich. Man könnte sagen, ein Stockerpel in

Peking verhält sich genauso wie ein Stockerpel in Berlin. Der Vergleich der Erbkoordinationen bei verschiedenen Arten wie Stockenten, Madagaskarenten, Spießenten, Löffelenten, Krickenten, Pfeifenten oder Mandarinenten wiederum zeigte: Je näher die Spezies miteinander verwandt waren, desto mehr gemeinsame Erbkoordinationen wiesen sie auf. Die vergleichende Verhaltensforschung war geboren.

Durch seine Beobachtungen an Enten und Gänsen erkannte Lorenz auch: Diese Tiere besitzen keine angeborene Kenntnis des Aussehens ihrer Art, vielmehr wird diese erst durch Prägung erworben. In einem fest umrissenen Zeitfenster kurz nach dem Schlüpfen werden die Küken auf das fixiert, was sich in ihrer Nähe bewegt und Laute von sich gibt. Im natürlichen Lebensraum ist das in aller Regel die Mutter, der die Jungen dann folgen. Wenn in dieser Phase aber nicht die Mutter, sondern Konrad Lorenz in der Nähe der Küken umherlief und dabei «Komm, komm, komm» rief, wurden die Küken unwiderruflich auf ihn geprägt. Hatten sie später die Wahl zwischen der Entenmutter und Konrad Lorenz, liefen sie zielgerichtet dem Wissenschaftler nach.

Lorenz entwickelte ferner wichtige Modellvorstellungen von der Steuerung des Verhaltens: Demnach aktivieren Schlüsselreize in der Umwelt der Tiere angeborene Auslösemechanismen, und dadurch kommt es zur Ausführung der zugehörigen Instinktbewegungen, wie die Erbkoordinationen auch genannt wurden. In der Folge konnte Tinbergen experimentell belegen, dass diese Annahmen für viele Tierarten richtig sind. Dringt beispielsweise ein Rivale in das Territorium eines Stichlings ein, so wird er mit Instinktbewegungen aus dem Bereich des Droh- und Kampfverhaltens reagieren. Was veranlasst den Stichling zu dieser Aggression? Es ist die rote Bauchunterseite des Eindringlings, die als Schlüsselreiz fungiert: Eine naturgetreue Stichlingsattrappe ohne rote Bauchunterseite löst nämlich im

Versuch keinerlei Aggression aus. Ein Stück Holz hingegen, dessen untere Hälfte rot angemalt wurde, führt zu heftigen Angriffen, obwohl sie einem Stichling nicht im Entferntesten gleicht.

Lange herrschte die Meinung vor, das Verhalten der Tiere sei ausschließlich als Reflex auf Umweltreize zu verstehen. Lorenz erkannte jedoch den fundamentalen Unterschied zwischen dem Auftreten von Instinktbewegungen und der Auslösung von Reflexen. Letztere werden immer durch den entsprechenden Außenreiz induziert: Wenn beispielsweise ein Luftstrom das Auge trifft, läuft automatisch der Lidschlagreflex ab. Im Gegensatz dazu werden Instinktbewegungen keineswegs reflexartig durch Schlüsselreize aktiviert. Ob dies geschieht, hängt vielmehr von der Vorgeschichte der Instinktbewegung ab. Wenn sie erst vor kurzer Zeit schon einmal ausgeführt worden war, wird es schwieriger sein, sie auszulösen, als wenn sie schon lange nicht mehr abgelaufen war. Am Beispiel von Instinktbewegungen aus dem Bereich der Nahrungsaufnahme wie Beißen, Kauen, Schlingen, Schlucken ist dies einfach zu erklären: Wenn ein Hund gerade satt ist, wird ein Knochen diese Instinktbewegungen nicht auslösen; wenn er jedoch lange nicht mehr gefressen hat, wird derselbe Knochen diese Verhaltensweisen induzieren. Gleichermaßen gilt für die Männchen nahezu aller daraufhin untersuchten Spezies: Im Anschluss an eine Kopulation sinkt die Motivation für weiteres Sexualverhalten mit dem Weibchen ab. Ist einige Zeit vergangen, löst dasselbe Weibchen die Paarung sogleich wieder aus. Ob Instinkthandlungen auftreten oder nicht, hängt eben nicht nur von den Umweltreizen ab, sondern auch von inneren, im Tier gelegenen Faktoren.

In diesen Anfangszeiten der Verhaltensbiologie untersuchten Lorenz, Tinbergen, von Frisch und ihre immer größer werdende Zahl von Schülerinnen und Schülern viele unterschiedliche Spezies, insbesondere Vogel-, Fisch- und Insektenarten. Die Wissenschaftler waren vor allem davon fasziniert, dass diese

Tiere offenbar ein angeborenes Wissen besitzen, wie sie sich zu verhalten haben und damit perfekt an ihren Lebensraum angepasst sind. So weiß eine Grabwespe auch ohne Kontakt zu ihren Eltern und ohne es gelernt zu haben, wie und welche Beute sie zu suchen hat und wie ein perfektes Nest beschaffen sein sollte. Die Quelle dieses Wissens nannten die Verhaltensbiologen wie bereits Charles Darwin: Instinkt; und sie gingen wie Darwin davon aus, dass Instinkte im Laufe der Evolution durch das Wirken der natürlichen Selektion geformt wurden.

Die Begeisterung für dieses Thema spiegelt sich im Titel des ersten Lehrbuches der Verhaltensbiologie wider: Tinbergens «The Study of Instinct»/«Instinktlehre», das 1951 erschien. Zusammengefasst war es das zentrale Ziel dieser frühen Phase der Verhaltensbiologie, instinktives, das heißt angeborenes Verhalten zu verstehen. Zwar halten wir aus heutiger Sicht längst nicht alle der damals entwickelten Modellvorstellungen für zutreffend, so über die Hierarchie der Instinkte oder das Zusammenspiel von Umweltreizen und inneren Faktoren bei der Auslösung instinktiven Verhaltens. In der Summe bleibt aber die herausragende Leistung von Lorenz, Tinbergen und von Frisch bestehen: Durch sie war das Studium des Verhaltens zu einer eigenständigen wissenschaftlichen Disziplin geworden, die das Bild vom Verhalten der Tiere gravierend verändert und geprägt hatte. Für diese Leistung wurde den drei Forschern 1973 der Nobelpreis verliehen.

Den Kompass für die Weiterentwicklung der Verhaltensbiologie bis in die heutige Zeit lieferte Nikolaas Tinbergen. In seinem Artikel «On aims and methods of ethology»/«Ziele und Methoden der Ethologie» gab er vor mehr als 50 Jahren den theoretischen Rahmen vor. Demnach können und sollen für jedes Verhaltensphänomen – von der Organisation des Insektenstaates über den Vogelgesang bis hin zum Werkzeuggebrauch der Schimpansen – Erklärungen auf vier unterschiedlichen Ebenen angegeben werden: auf der kausalen, der lebensgeschichtlichen, der funktionalen und der stammesgeschichtlichen.

Was ist damit gemeint? Wenn zum Beispiel nach einer Erklärung für den Gesang des Buchfinken gefragt wird, so können vier unterschiedliche Antworten gegeben werden. Die erste lautet: Die zunehmende Länge der Tage im Frühjahr stellt einen Umweltreiz dar, der von den Vögeln wahrgenommen wird und zur Produktion des Sexualhormons Testosteron im Hoden der Männchen führt. Das Testosteron wird mit dem Blutstrom in das Gehirn transportiert, wo es bestimmte Zentren aktiviert, von denen dann Nervenimpulse an die zum Singen notwendigen Muskeln geleitet werden. Dies ist eine kausale Erklärung. Verdeutlicht wird der Mechanismus des Verhaltens.

Auf dieselbe Frage kann aber auch zweitens geantwortet werden: Ein Buchfink singt, weil er es von seinem Vater während einer für das Gesangslernen sensiblen Phase so gelernt hat. Dies ist eine lebensgeschichtliche Erklärung. Fokussiert wird auf die Ontogenese des Verhaltens, wobei unter Ontogenese der Zeitraum von der Befruchtung der Eizelle bis zum Tod des Individuums verstanden wird.

Eine dritte Antwort lautet: Der männliche Buchfink singt, um Weibchen anzulocken und Rivalen fernzuhalten. Diese Antwort bezieht sich auf die Funktion des Verhaltens. Sie gibt an, wozu das Verhalten dient, welchen Vorteil das Tier hat, das es ausführt; warum ein Tier mit diesem Verhalten besser an die Umwelt angepasst ist und erfolgreicher seine Gene in die nächste Generation weitergibt als ein Artgenosse, der dieses Verhalten nicht zeigt.

Schließlich und viertens kann die Frage auch so beantwortet werden: Ein Buchfink singt, weil er unter den Vögeln zu den Singvögeln gehört und von Vorfahren abstammt, die auch schon gesungen haben. Dies ist eine stammesgeschichtliche Erklärung, die das Verhalten aus seiner Evolutionsgeschichte, seiner

Phylogenese heraus begründet. Tinbergens Botschaft lautete klar: Ein bestimmtes Verhalten ist erst dann verstanden, wenn wir seinen Mechanismus und seine Funktion, seine Ontogenese und seine Phylogenese sowie die Beziehung dieser vier unterschiedlichen Ebenen zueinander verstanden haben. Diese Botschaft ist für die Verhaltensbiologie aktueller denn je.

Tatsächlich wurden in den letzten Jahrzehnten die von Tinbergen vorgegebenen Fragen zum Verhalten der Tiere an einer Vielzahl von Arten erforscht. Dabei kam es allerdings zu einer Aufsplitterung der Verhaltensbiologie in unterschiedliche Teildisziplinen, die bedauerlicherweise kaum noch miteinander in Verbindung stehen: Die Verhaltensökologie und Soziobiologie fokussierten auf die Funktion des Verhaltens, auf seinen Anpassungswert und seine Entwicklung im Laufe der Evolution. Diese Forschungsrichtung fragt primär: *Wozu* ist das Verhalten gut? Sie vernachlässigt aber stark seine Ontogenese und die Mechanismen, die dem Verhalten zugrunde liegen. Diese Aspekte wurden von Disziplinen wie der Verhaltensendokrinologie, der Verhaltensneurobiologie oder der Verhaltensgenetik untersucht, die den Zusammenhang von Hormonen und Verhalten, Genen und Verhalten beziehungsweise Nervenzellen und Verhalten untersuchten. Diese Forschungsrichtungen fragen vor allem, *wie* das jeweilige Verhalten entsteht. Sie interessieren sich aber kaum für seine Funktion und Evolution. Jede dieser Teildisziplinen erbrachte spektakuläre Erkenntnisse zum Verhalten der Tiere; eine Gesamtschau der Ergebnisse und wie sie das Tierbild veränderten, gibt es bisher allerdings kaum.

Der rote Faden des Buches

Hier setzt dieses Buch an. Anhand grundlegender Erkenntnisse aus unterschiedlichen Teildisziplinen der Verhaltensbiologie zeigt es, wie sehr sich das wissenschaftliche Tierbild im Laufe der letzten Jahrzehnte verändert hat. Zu diesem Wandel hat zweifellos auch das Aufgreifen neuer Fragestellungen beigetragen, die in den Anfangszeiten der Verhaltensbiologie nicht auf der Agenda standen: Können Tiere denken? Haben Tiere Emotionen? Gibt es unverwechselbare Tierpersönlichkeiten? Was ist tiergerecht?

Des Weiteren ermöglichen neue Methoden veränderte Antworten auf alte Fragen. So hat die Entschlüsselung des Genoms von Mensch und Tier dazu geführt, das Zusammenspiel von Genen und Umwelt bei der Ausführung des Verhaltens wesentlich besser zu verstehen. Auch die verstärkte Untersuchung von Säugetieren einschließlich vieler Affenarten trug maßgeblich zu einer fundamental veränderten Sichtweise des Verhaltens der Tiere bei.

Zusammengefasst zeigen die Erkenntnisse der unterschiedlichen Teildisziplinen der Verhaltensbiologie: Im Verhalten der Tiere lassen sich viele Eigenschaften, Fähigkeiten und Gesetzmäßigkeiten erkennen, die bis vor kurzem noch unhinterfragt als typisch menschlich angesehen worden sind.

In den folgenden sechs Kapiteln stellt dieses Buch Erkenntnisse der Verhaltensbiologie dar, die unser Tierbild erkennbar verändert haben. In einem abschließenden Kapitel wird dann das neue wissenschaftliche Bild vom Tier zusammengefasst und besprochen, wie viel Mensch bereits im Tier steckt.

Zunächst geht es in Kapitel 2 um den Zusammenhang von Verhalten und Stress. Offenbar sind es die gleichen Merkmale der sozialen Umwelt, die bei Mensch und Tier zu Belastungen führen. Ganz ähnliche Faktoren können den Stress bei Mensch und Tier aber auch effektiv reduzieren.

Kapitel 3 thematisiert das Wohlergehen der Tiere und ihre Emotionen und fragt: Mit welchen wissenschaftlichen Methoden können wir überhaupt feststellen, wie es Tieren geht? Unter welchen Bedingungen geht es ihnen gut, und unter welchen haben sie Probleme? Wie sehen Tiere die Welt? Was wissen wir über ihre Emotionen? Was genau bedeutet ein art- beziehungsweise tiergerechtes Leben?

Kapitel 4 behandelt eine Frage, die Wissenschaft und Gesellschaft gleichermaßen seit vielen Jahren bewegt: Wie viel im Verhalten wird von den Genen und wie viel von der Umwelt bestimmt? Gezeigt wird, wie sich die Methoden und Sichtweisen im Laufe der Jahrzehnte gravierend verändert haben und dass die moderne Verhaltensgenetik völlig neue Antworten auf alte Fragen gibt, bis hin zu der revolutionären Erkenntnis: Nicht nur die Gene beeinflussen das Verhalten, sondern auch das Verhalten die Genaktivität.

In Kapitel 5 geht es um die Erkenntnisse der Kognitionsbiologie: Wie und was wird gelernt? Können Tiere denken? Verfügen manche sogar über ein Ich-Bewusstsein? Und stimmt es wirklich, dass unsere nächsten Verwandten, die Menschenaffen, intelligenter als andere Tierarten sind?

Kapitel 6 zeigt die Entwicklung des Verhaltens bei Säugetieren als einen offenen Prozess, dessen Verlauf weder bei der Zeugung noch bei der Geburt und auch noch nicht am Ende der Kindheit vorherbestimmt ist. Bereits die Umwelt, in der die Mutter während der Trächtigkeit lebt, beeinflusst das Verhalten im Erwachsenenalter, und auch die Erfahrungen, die die Tiere während der Kindheit und Adoleszenz machen, prägen das individuelle Verhalten immer wieder neu. So kommt es zur Ausbildung von Tierpersönlichkeiten, deren Erforschung eines der aktuellsten Forschungsgebiete der Verhaltensbiologie ist.

Kapitel 7 greift die zentrale Erkenntnis der Soziobiologie auf: Tiere verhalten sich offenbar nicht zum Wohle der Art. Vielmehr diktieren «egoistische Gene» ihr Verhalten. Wenn es für die Weitergabe des Erbguts von Vorteil ist, nett und kooperativ zu sein und anderen zu helfen, dann werden sie sich so verhalten. Wenn dieses Ziel aber eher durch Nötigung oder Aggression bis hin zur Tötung von Artgenossen erreicht werden kann, dann werden sie ein solches Verhalten zeigen.

In Kapitel 8 wird zum Schluss die Revolution des Tierbildes auf den Punkt gebracht und resümiert: Wir sind den Tieren nähergerückt. Es steckt sehr viel mehr Mensch im Tier, als wir uns vor wenigen Jahren haben vorstellen können.

KAPITEL 2

DER ROTE EMIL IST NICHT GERN ALLEINE

*Über Verhalten, Stress und den
Segen sozial stabiler Verhältnisse*

Wie ich zur Verhaltensforschung kam

Mitte der 1970er Jahre begann ich das Studium der Biologie an der neugegründeten Universität in Bielefeld. Wir waren der erste Studierendenjahrgang mit etwa 30 bis 40 Studentinnen und Studenten. In dieser Anfangszeit gab es nur drei Professoren; einer von ihnen war Klaus Immelmann. Er hatte kurz zuvor den Ruf auf den ersten Lehrstuhl für Verhaltensforschung an einer deutschen Universität erhalten, und sein Ziel war es, Bielefeld zu einem Leuchtturm der verhaltensbiologischen Forschung und Lehre zu machen. Es gelang ihm tatsächlich innerhalb kürzester Zeit. Die Tierhaltung seines Lehrstuhls war auch im internationalen Maßstab betrachtet phänomenal. So lebten zur Untersuchung ihres Verhaltens verschiedene Prachtfinkenarten, Papageien, Gänse, Krallenaffen, Kängurus, Hirsche und Nagetiere in großzügigen Innen- und Außengehegen. Die Begründer der Verhaltensforschung, Lorenz, Tinbergen und von Frisch, hatten gerade den Nobelpreis erhalten. Es herrschte Aufbruchsstimmung in der ostwestfälischen Provinz.

Das absolute Highlight in den ersten Semestern war für uns Studierende Klaus Immelmanns Vorlesungsreihe «Einführung in die Verhaltensforschung». Es hieß, er übe seine Vorlesungen zu Haus vor dem Spiegel, bevor er sie im Hörsaal hielt. Ob dies tatsächlich stimmte, weiß ich nicht. Auf jeden Fall war er ein begnadeter Redner, der druckreif sprach und alle Zuhörenden in seinen Bann zog. In seiner Vorlesungsreihe legte er den damaligen Stand der Verhaltensbiologie dar. Nahezu alle Themen übten auf uns eine große Faszination aus. Es gab aber ein Forschungsgebiet, das mich persönlich vor allen anderen interessierte: die Untersuchungen zum Dichtestress bei Mensch und Tier.

Hier ging es um allgemeine Gesetzmäßigkeiten, die gleichermaßen auf uns Menschen wie die anderen Säugetiere zuzutreffen schienen. So erfuhren wir: Wenn die Zahl der Individuen in einer Population immer weiter zunimmt und der zur Verfügung stehende Raum damit immer knapper wird, kommt es automatisch zu Stresserscheinungen, die sich im Verhalten, der Physiologie, der Fortpflanzung und dem Gesundheitszustand niederschlagen. Untersuchungen an Mäusen, Ratten und Kaninchen zeigten: Wenn die Populationsdichte steigt, nimmt die Aggressivität der Tiere untereinander zu, und die Mütter kümmern sich immer weniger um ihre Jungtiere. Gleichzeitig kommt es zu einer verstärkten Produktion von Stresshormonen, was zu gesundheitlichen Problemen bis hin zum Tod führen kann. Parallel dazu treten Fortpflanzungsstörungen auf, die die Geburtenrate drastisch senken. Am Ende dieser Prozesse steht der Zusammenbruch der gesamten Population. Klaus Immelmann nahm auch Bezug auf Untersuchungen am Menschen, die ganz ähnliche Befunde zeigten, beispielsweise in Trabantenstädten der Metropolen, wenn die Anzahl der Bewohner immer weiter steigt.

Ich besorgte mir die Originalartikel, die die Studien beschrieben, und arbeitete mich intensiv in das Forschungsgebiet ein. Ich hatte bald den Wunsch, eigene Studien durchzuführen.

Und ich entwickelte eine Idee: Am Immelmann'schen Lehrstuhl wurden zahlreiche Hausmeerschweinchen gehalten; über Verhaltensveränderungen dieser Tiere bei zunehmender Dichte war in der gesamten Fachliteratur nichts bekannt. Warum also nicht das Phänomen des Dichtestresses bei diesen Tieren untersuchen? Glücklicherweise ermöglichte mir Hubert Hendrichs, der ebenfalls Professor am Bielefelder Lehrstuhl für Verhaltensforschung war, mit der Verwirklichung dieser Idee bereits im fünften Semester zu beginnen.

Wir setzten also einige wenige männliche und weibliche Hausmeerschweinchen in ein großes, halbüberdachtes Außengehege. Wasser und Trockenfutter waren immer ausreichend vorhanden. Äpfel, Möhren und Heu gab es regelmäßig zwischendurch. Wie nicht anders zu erwarten, vermehrten sich die Tiere kräftig: Nach etwa einem Jahr befanden sich mehr als 50 Meerschweinchen in dem Gehege. Was uns allerdings stutzig machte: Sie verhielten sich absolut nicht entsprechend der bisher publizierten Literatur. Unser subjektiver Eindruck war: Je mehr Tiere es wurden, desto wohler fühlten sie sich. Es gab keinerlei Anzeichen von Stress oder erhöhter Aggression. Ich fragte mich, was denn bei den Hausmeerschweinchen so anders als bei den bisher untersuchten Arten war. Warum konnten sie scheinbar mühelos mit hohen Populationsdichten umgehen? Warum trat bei ihnen keinerlei Dichtestress auf? Damit war ich mitten in der verhaltensbiologischen Forschung und bei meiner ersten wissenschaftlichen Fragestellung angelangt.

Die soziale Intelligenz der Hausmeerschweinchen

Die Antwort lieferte meine Doktorarbeit: Hausmeerschweinchen besitzen die erstaunliche Fähigkeit, zwei unterschiedliche

Formen der sozialen Organisation auszubilden. Bei geringer Populationsdichte gestalten sie ihre sozialen Beziehungen auf eine Art, bei hohen Populationsdichten auf eine völlig andere. Durch diesen Wechsel gelingt es ihnen, den Dichtestress zu vermeiden, der normalerweise mit einem Anstieg der Tierzahlen verbunden ist. Schauen wir uns diese sozialen Prozesse etwas genauer an.

Wird eine geringe Anzahl von Tieren, beispielsweise drei Männchen und drei Weibchen, neu in ein Gehege eingesetzt, so kommt es zunächst zu Droh- und Kampfverhalten zwischen den Männchen. Nach kurzer Zeit sind die Kräfteverhältnisse jedoch geklärt, und eine lineare Dominanzhierarchie ist etabliert. Von nun an lässt sich über Wochen und Monate beobachten: Wann immer das ranghöchste Tier sich dem rangzweiten oder dem rangniedersten nähert, weichen diese tunlichst aus. Wann immer das rangzweite dem rangniedersten zu nahe kommt, geht dieses rasch aus dem Weg. Als Konsequenz werden die meisten Konflikte auf nichteskalierte Weise gelöst: Drohverhalten tritt nur selten auf; Kämpfe gibt es so gut wie nie.

Dank seiner Dominanz hat das ranghöchste Männchen bevorzugten Zugang zu den wichtigen Ressourcen. Es besetzt die beste Hütte und führt wesentlich häufiger Werbe- und Sexualverhalten gegenüber den Weibchen an als seine Kontrahenten. Wenn diese sich den Weibchen in sexueller Absicht nähern, werden sie unverzüglich attackiert. In der Folge wird das ranghöchste Männchen in aller Regel der Vater der gezeugten Nachkommen sein.

Das Verhalten der Weibchen ist in einer solchen Gruppenkonstellation deutlich weniger auffällig. Auch sie bilden, unabhängig von den Männchen, eine lineare Dominanzhierarchie aus, die langfristig unverändert bleibt. Allerdings äußert sich diese Struktur lediglich darin, dass ein Weibchen dem anderen regelmäßig aus dem Weg zu gehen pflegt. Der Fortpflanzungserfolg der Weibchen wird nicht wie bei den Männchen von ihrer Position in der Hierarchie bestimmt: Alle Weibchen gebären in regelmäßigen Abständen ihre Jungen. Diese wachsen heran und gliedern sich nach Erreichen der Geschlechtsreife in die bestehenden Dominanzhierarchien der erwachsenen Männchen und Weibchen ein.

Wächst die Anzahl der geschlechtsreifen Tiere auf ein Dutzend und mehr, so kommt es innerhalb von etwa vier Wochen zu einem Wechsel in der sozialen Organisation. Nicht mehr die lineare Dominanzhierarchie der Männchen ist dann das auffallendste Element der Sozialstruktur, sondern es tritt ein weit komplexeres soziales Muster an ihre Stelle. In Untersuchungen an Kolonien von bis zu 50 Meerschweinchen zeigte sich: Die gesamte Gruppe splittet sich in stabile Untergruppen auf, die aus jeweils ein bis fünf Männchen und ein bis sieben Weibchen bestehen. Die Untergruppen haben bevorzugte Aufenthaltsgebiete, in die sich die zugehörigen Tiere vor allem während ihrer Ruhephasen zurückziehen. Die Männchen jeder Untergruppe organisieren sich wiederum in linearen Dominanzhierarchien, wobei das ranghöchste Männchen jeder Untergruppe als Alpha bezeichnet wird. Alphas haben feste soziale Bindungen zu den Weibchen ihrer Untergruppe, die über Jahre bestehen bleiben können. Sie kümmern sich fast ausschließlich um diese Weibchen; nur ihnen gegenüber tanzen sie Rumba, das für Meerschweinchen typische Balzritual. Sie bewachen und verteidigen sie insbesondere während der Fortpflanzungszeit und sind die Väter fast all ihrer Nachkommen.

Ein höchst erstaunlicher Mechanismus regelt die Beziehung der verschiedenen Alphas untereinander: Sie respektieren die Männchen-Weibchen-Beziehungen der anderen Alphas, interessieren sich also nicht für deren Weibchen und ignorieren diese selbst dann, wenn sie paarungsbereit und in unmittelbarer Nähe sind. Auch die rangniedrigeren Nicht-Alpha-Männchen haben vor allem Kontakt zu den Weibchen ihrer Untergruppe. Sobald sie jedoch intensives Werbeverhalten beginnen, werden sie augenblicklich vom herbeieilenden Alpha attackiert. Dennoch zahlt es sich für die Nicht-Alphas aus, durch dauerhaftes Werben ebenfalls Bindungen an die Weibchen der Alphas auszubilden: Denn dies ist der Weg, der auf lange Sicht zum Alpha-Status führt. Sei es, weil der bisherige Alpha älter und schwächer wird und deshalb nicht mehr alle seine Weibchen verteidigt. Sei es, weil das eine oder andere Weibchen plötzlich von einem Alpha zu einem Nicht-Alpha wechselt und diesen so innerhalb weniger Tage zu einem Alpha macht. So erstaunlich es erscheint: Bei hohen Tierzahlen erlangen die Männchen den Alpha-Status nicht, indem sie dafür kämpfen, sondern dadurch, dass sie Bindungen an individuelle Weibchen ausbilden und dauerhaft in sie investieren.

Bei hohen Tierzahlen arrangieren sich auch die Weibchen auf eine sehr verträgliche Weise: Sie bilden ebenfalls lineare Dominanzhierarchien innerhalb ihrer Untergruppe aus. Kampfverhalten tritt nie, leichtes Drohverhalten nur sehr selten auf. In der Regel bevorzugen die Weibchen Männchen in einer Alpha-Position und bilden soziale Bindungen zu ihnen aus. Daneben ist aber auch zu beobachten, dass einzelne Weibchen rangniedere Nicht-Alpha-Männchen präferieren.

Zusammengefasst lässt sich die soziale Organisation bei hohen Individuenzahlen durch drei Punkte charakterisieren. Erstens durch eine erleichterte soziale und räumliche Orientierung: Durch das Ausbilden dauerhafter Bindungen und die Aufsplittung der Kolonie in stabile Untergruppen spielt sich das soziale Leben für jedes Tier in einer klar überschaubaren Sozialeinheit ab, unabhängig davon, ob sich 20, 50 oder noch mehr Tiere in der Kolonie befinden. Zweitens durch ein relativ friedliches Zusammenleben: Da die Alphas die sozialen Bindungen der anderen Alphas respektieren, konkurrieren die stärksten

Männchen der Kolonie nicht um dieselben Weibchen. Damit gibt es keinen Grund für eskalierte Auseinandersetzungen, und tatsächlich finden kaum Kämpfe statt. Drittens durch eine hohe soziale Stabilität: Die Positionen, die die einzelnen Tiere einnehmen, sind über viele Monate konstant, und das Grundmuster der Sozialstruktur ist von individuellen Tieren unabhängig.

Während also bei kleinen Gruppen die lineare Dominanzhierarchie der Männchen hervorsticht, prägt bei großen eine weit komplexere Struktur das Bild. Der Wechsel von der einen Form der sozialen Organisation zur anderen erlaubt es den Hausmeerschweinchen, sich an wachsende Populationsdichten bestens anzupassen. Denn auch in großen Gruppen ist das soziale Leben durch eine klare soziale Orientierung, wenig Aggression und hohe soziale Stabilität charakterisiert. Es ist die Fähigkeit, sich sozial so perfekt zu organisieren, die den Tieren auch in großen Gruppen Ruhe, entspannte Verhältnisse und einen geringen Stresspegel erlaubt.

Hormone kommen ins Spiel

Rückblickend war es ein ziemlicher Glücksfall: Gerade zu der Zeit, als wir die soziale Organisation der Hausmeerschweinchen entschlüsselten, hatte Ekkehard Pröve, ebenfalls Wissenschaftler am Immelmann'schen Lehrstuhl, eine völlig neue Methode zur Bestimmung von Hormonen in einem Labor in den USA erlernt und in Bielefeld etabliert. Das Besondere an dieser Methode war, dass nur noch winzigste Mengen an Blut benötigt wurden, um hieraus die Konzentration von Hormonen, unter anderem Cortisol, zu analysieren.

Cortisol wird bei Stress aus einer Hormondrüse, der Nebennierenrinde, in den Blutstrom ausgeschüttet. Im Prinzip handelt es sich hierbei um eine sinnvolle Antwort des Organismus, auf Belastungen jeglicher Art zu reagieren. Denn das Cortisol löst beim Menschen und bei anderen Säugetieren Prozesse aus, die dem Körper Energie zur Verfügung stellen und ihn mit erhöhter Widerstandskraft versehen. So wird er in die Lage versetzt, sich an die Belastung anzupassen. Wenn es allerdings langfristig zu einer zu stark erhöhten Ausschüttung dieses Hormons kommt, geht dies letztlich mit einer Reihe desaströser Erscheinungen einher, so die Erschöpfung der Energiereserven und die Schwächung des Immunsystems. Als Folge steigt die Anfälligkeit gegenüber Krankheiten. Am Ende kann der völlige Zusammenbruch bis hin zum Tod stehen. Da das Cortisol – wie auch das Adrenalin – in Stresssituationen ausgeschüttet wird, werden diese Hormone auch als Stresshormone bezeichnet.

Durch die neue Technik, Hormone aus nur wenigen Tropfen Blut zu bestimmen, bot sich für uns die phantastische Möglichkeit, Verhaltensbeobachtungen und Stresshormonuntersuchungen zu kombinieren und am Beispiel der Meerschweinchen grundlegende Fragen zum Zusammenhang von Verhalten und Stress zu beantworten: Gibt es eine Beziehung zwischen sozialer Organisation und Belastung? Existiert ein Zusammenhang von sozialem Status und Stress? Sind dominante Tiere weniger belastet als unterlegene? Beeinflussen die sozialen Erfahrungen das Verhalten und die Stressreaktion? Kann die Anwesenheit des Bindungspartners Belastungen reduzieren?

Bevor wir mit unseren Forschungen beginnen konnten, gab es allerdings ein Problem: Wie bekommt man eine Blutprobe von einem Hausmeerschweinchen? Auf Nachfrage bei Tierärzten erhielten wir die Antwort: Die gängigen Methoden sind die Herz- oder die Augensinuspunktion, was nichts anderes bedeutet, als mit einer Kanüle durch den Brustkorb direkt ins Herz oder in Blutgefäße am Auge zu gehen, um die Blutprobe zu entnehmen. Dies sind schwere Eingriffe, die für uns absolut nicht in Frage kamen. Denn wenn wir einem Alpha-Männchen auf diese Art und Weise eine Blutprobe entnommen hätten, wäre es wohl kaum ein ranghohes Tier geblieben. Die Lösung kam von einem Krankenpfleger, der vorschlug, es genauso wie bei seinen Patienten zu machen: etwas durchblutungsfördernde Salbe auf das Ohrläppchen und das Blutgefäß, dann mit einer Kanüle kurz punktieren. Tatsächlich funktionierte das auch bei den Meerschweinchen, sogar ohne Salbe. Mittlerweile wird diese Methode zur Gewinnung geringer Blutmengen bei den Hausmeerschweinchen weltweit praktiziert.

Die Forschung zum Zusammenhang von Verhalten und Stress bestätigte, was wir zuvor aus den reinen Verhaltensuntersuchungen geschlossen hatten: Das Leben in großen Kolonien mit vielen Tieren auf engem Raum scheint die Hausmeerschweinchen nicht sonderlich zu belasten. Tiere, die bei hoher Populationsdichte lebten, wiesen durchschnittlich keine höheren Cortisolwerte auf als Meerschweinchen, die in kleinen Gruppen oder in Paaren von einem Männchen und einem Weibchen gehalten wurden. Interessanterweise unterschieden sich auch hoch- und niederrangige Tiere nicht bezüglich ihrer Stresshormonkonzentrationen. Die unterlegenen Tiere, die vor den dominanten immer weichen mussten, waren offenbar nicht stärker belastet als Männchen in einer Alpha-Position. Ein niederer sozialer Status stellte also nicht zwangsläufig eine höhere physische oder psychische Belastung dar als die hohe Position für das dominante Tier.

Voraussetzung hierbei aber war: Die sozialen Beziehungen der Tiere untereinander mussten geklärt sein. Wenn die Hierarchie noch nicht ausgehandelt war und dies fortwährend zu Reibereien führte, gingen die Stresslevel in die Höhe. Wenn beispielsweise ein Nicht-Alpha-Männchen versuchte, das Alphatier seiner Untergruppe zu stürzen, so zeigten sich bei beiden Kontrahenten starke Stressreaktionen, und zwar so lange, bis die Dominanzbeziehung wieder geklärt war. Hatten beide Tiere dann wieder eine soziale Position gefunden, die sie akzeptierten, so konnten sie wieder stressfrei leben; bei beiden gingen die Cortisolwerte auf das Normalniveau zurück. Dies geschah unabhängig davon, ob das Alphatier durch die Auseinandersetzungen seine Position stabilisiert hatte oder ob es zu einem Wechsel in der Dominanzhierarchie gekommen war. Geklärte soziale Beziehungen, die zu vorhersehbarem Verhalten aller Gruppenmitglieder führen, sind die Hauptursache für diesen Befund.

Die Frage war: Warum können Hausmeerschweinchen – im Gegensatz zu vielen anderen Tieren – langfristig diese stabilen sozialen Beziehungen ausbilden? Warum können sie sich sozial so wunderbar organisieren? Zunächst dachten wir: «Na ja, eigentlich ist das trivial. Es sind Haustiere und keine Wildtiere. Im Laufe der Domestikation sind sie halt auf Verträglichkeit hin gezüchtet worden.» Und tatsächlich: Wenn Haustiere mit ihrer wilden Stammform verglichen werden – ganz gleich ob Hunde mit Wölfen, Hauskatzen mit Wildkatzen, Hauspferde mit Wildpferden oder Hausmeerschweinchen mit Wildmeerschweinchen –, so erweist sich die Haustierform als wesentlich verträglicher und deutlich weniger aggressiv. Unser Erstaunen war entsprechend groß, als wir feststellten, dass diese Erklärung allein nicht hinreichend war. Vielmehr müssen Hausmeerschweinchen spezifische soziale Erfahrungen während ihrer Lebensgeschichte machen, um diesen toleranten und stressfreien Umgang mit Artgenossen zu erlernen.

Dies zeigte sich besonders deutlich, wenn erwachsene Männchen versuchten, sich in fremde Sozialverbände zu integrieren. Denn nur Tiere, die in größeren gemischtgeschlechtlichen Gruppen aufwuchsen, waren dazu problemlos in der Lage. Am ersten Tag in einer fremden Kolonie erkundeten sie die neue Umwelt und lernten die ansässigen Tiere kennen, indem sie sie beschnupperten. Aber sie griffen kein Männchen an, und sie umwarben auch nicht die Weibchen. Während der nächsten Tage gliederten sie sich dann in das bestehende soziale Gefüge ein, ohne dass es dabei größere Auseinandersetzungen gab. Manchmal nahmen die Tiere sogar höhere soziale Positionen als in ihrer alten Kolonie ein. Messungen des Cortisols in dieser Integrationsphase zeigten, dass es zu keinerlei Anstieg dieses Stresshormons kam, weder in den ersten Stunden noch in den folgenden Tagen. Die Tiere verloren auch nicht an Körpergewicht. Sie konnten sich tatsächlich stress- und aggressionsarm in einen vollkommen fremden Sozialverband von Artgenossen integrieren.

Ganz anders Männchen, die einzeln oder nur zusammen mit einem Weibchen aufgewachsen waren: Sobald sie in der fremden Kolonie auf ein Weibchen trafen, balzten sie es heftig an. Sobald sie einem Männchen begegneten, attackierten sie. Im Laufe des Tages wurden sie aber von den ansässigen Alpha-Männchen besiegt und zogen sich in eine Ecke des Geheges zurück. Fortan mieden sie Kontakte und wurden auch von den anderen in Ruhe gelassen. Dennoch traten starke Stressreaktionen auf: Der Cortisolspiegel stiegt in den ersten fünf Stunden auf fast das Dreifache an und normalisierte sich erst nach drei Wochen. Parallel dazu verloren die Tiere bis zum dritten Tag zehn Prozent an Gewicht.

In einer Reihe von Studien wurden die Hintergründe für diese Unterschiede im Verhalten und den damit zusammenhängenden Stressreaktionen ermittelt. Wie im sechsten Kapitel noch ausführlich dargestellt werden wird, weisen die Ergebnisse auf eine entscheidende Rolle von sozialen Erfahrungen während der Adoleszenz hin, der Übergangsphase zwischen Kindheit und Erwachsenenalter. In diesem Alter müssen die heranwachsenden Männchen in Begegnungen mit älteren, dominanten Artgenossen die Fähigkeit erlernen, sich mit Fremden stressfrei und ohne Aggression zu arrangieren. Für die weiblichen Hausmeerschweinchen gilt Gleiches übrigens nicht. Sie kommen mit unbekannten Artgenossen immer problemlos klar, völlig unabhängig davon, welche Erfahrungen sie in ihrem Leben gemacht haben.

Letztlich erkannten wir in einer mittlerweile klassischen Studie auch, wie akuter Stress bei Hausmeerschweinchen effektiv gepuffert werden kann: und zwar durch die Anwesenheit des sozialen Bindungspartners. Diese Einsicht lässt sich gut am Beispiel des roten Emil erläutern, der als Meerschweinchen mittlerweile zum Fernseh- und Internet-Star geworden ist. Der rote Emil lebte als Alpha-Männchen in einer großen Kolonie. Als wir ihn aus seiner Kolonie herausnahmen und allein in ein ihm fremdes Gehege setzten, trat – wie bei allen Säugetieren in neuen Situationen – sehr schnell eine akute Stressreaktion auf. Innerhalb von ein bis zwei Stunden stiegen seine Cortisolwerte im Blut um etwa 80 Prozent an. Nach ein paar Stunden normalisierte sich der Hormonspiegel wieder auf den der Ausgangssituation, und Emil kehrte in seine Kolonie zurück. Eine Woche später setzten wir Emil abermals in das fremde Gehege ein, diesmal jedoch zusammen mit einem Weibchen aus der vertrauten Kolonie, das dort allerdings einer anderen Untergruppe angehörte. Diesmal stieg das Cortisol sogar noch etwas mehr an. Und noch etwas höhere Werte baute Emil auf, als er nochmals eine Woche später in dem fremden Gehege auf ein völlig unbekanntes Weibchen traf. Deutlich anders reagierte er jedoch, wenn er in dem fremden Gehege sein Lieblingsweibchen aus der eigenen Untergruppe vorfand. Jetzt stiegen die Cortisolkonzentrationen lange nicht so stark an wie in sämtlichen der anderen Testsituationen. Die hormonelle Stressreaktion in einer akut belastenden Situation konnte also effektiv durch die Anwesenheit einer Artgenossin gepuffert werden.

Eine solch stressreduzierende Wirkung der Bindungspartnerin fanden wir nicht nur bei Emil, sondern bei allen daraufhin getesteten Männchen aus den Kolonien. Im Übrigen galt

Gleiches umgekehrt auch für die Weibchen: War der männliche Bindungspartner anwesend, waren sie in der aufregenden Situation weit weniger gestresst. Insgesamt zeigen die Untersuchungen, dass Hausmeerschweinchen von Bindungspartnern profitieren. Ist das andere Tier in einer neuen Lebenslage dabei, dann schaukelt sich die Stressantwort deutlich weniger hoch.

Was Stress auslöst und was ihn puffert

Die bisher beschriebenen Studien wurden an Hausmeerschweinchen durchgeführt. Sie erstreckten sich über viele Jahre und führten dazu, dass Meerschweinchen heute als eines der bestuntersuchten Säugetiere gelten, wenn es um den Zusammenhang von sozialer Umwelt, Verhalten und Belastung geht. In der Verhaltensbiologie spricht man deshalb von einem Modellsystem für die Erforschung dieses Themas. Auch an anderen Säugetieren wurde intensiv zu diesen und ähnlichen Fragen geforscht, und zwar sowohl im natürlichen Lebensraum der Tiere als auch bei Haltung in Menschenhand. Durch die umfassende Betrachtung aller Ergebnisse wurden Gesetzmäßigkeiten deutlich, die für sämtliche Säugetiere gelten. Um diese universellen Auswirkungen der sozialen Umwelt auf Verhalten und Stressbelastung soll es im Folgenden gehen. Dabei steht zunächst die Frage im Vordergrund, welche sozialen Bedingungen Stress erzeugen. Anschließend wird dann eine Antwort auf die Frage gegeben: Welche Faktoren puffern ihn?

Alle Säugetiere, die in ihrem natürlichen Lebensraum in Gruppen leben, tendieren dazu, Dominanzbeziehungen auszubilden. Vollkommen egalitäre Gesellschaften ohne jegliche soziale Schichtung gibt es offenbar nicht. Das gilt sogar für solche Arten, deren Angehörige von sich aus zu sozialer Toleranz,

Kooperation und freundschaftlichen Beziehungen neigen, wie die Hyänenhunde oder die Bonobos. Wenn die sozialen Beziehungen geklärt sind, entsteht ein stabiles soziales System, was mit Vorteilen für alle Individuen verbunden ist, ganz gleich, ob sie eine hohe, mittlere oder niedere soziale Stellung einnehmen. Denn in stabilen Sozialsystemen mit klaren und verlässlichen Dominanzverhältnissen können alle Tiere gut leben und weder ein niederer sozialer Status noch eine hohe Anzahl an Tieren muss zwangsläufig zu einer Belastung führen. Dies zeigen zahllose Untersuchungen an den verschiedensten Säugetieren. Doch warum ist das so?

Eine wesentliche Einsicht der modernen Stressforschung lautet: Wenn negative Ereignisse kontrolliert oder auch nur vorhergesagt werden können, dann sind ihre Auswirkungen längst nicht mehr so schlimm. In stabilen sozialen Umwelten mit geklärten sozialen Beziehungen können statushohe Tiere einen Großteil der sozialen Ereignisse aufgrund ihrer Dominanz kontrollieren. Wenn sich beispielsweise ein unterlegenes Tier nähert, genügt in der Regel ein kurzes Drohen, und der Unterlegene weicht zurück. Aber auch Tiere mit niederem sozialem Status wissen aufgrund ihrer Erfahrung, was bei der Begegnung mit den anderen Gruppenmitgliedern geschehen wird, sie können deren Verlauf voraussehen. So entstehen bei allen Tieren Erwartungen, wie: «Bin ich dominant, so geht der andere aus dem Weg. Ist der andere dominant, so geh ich ihm aus dem Weg, und mir wird nichts geschehen.» Oder: «Wenn sich ein Männchen meinen Weibchen in sexueller Absicht nähert, werde ich den Rivalen angreifen. Umwerbe ich ein fremdes Weibchen, wird mich das zugehörige Männchen attackieren.» Aber auch: «Signalisiere ich kein Sexualinteresse, wird es weiterhin friedlich zugehen.» Solange diese Erwartungen nicht verletzt werden und das alltägliche soziale Leben damit vorausgesehen werden kann, geht es allen Tieren gut. Zwar können statushohe

Tiere soziale Ereignisse aufgrund ihrer Dominanz zusätzlich kontrollieren, offenbar führt das jedoch nicht zwangsläufig zu weniger sozialem Stress. Vielmehr scheint die Voraussehbarkeit des sozialen Geschehens die wesentliche Bedingung dafür zu sein, dass es Tieren in stabilen sozialen Systemen gutgeht.

Bei sozialer Instabilität und nicht geklärten Dominanzbeziehungen sieht alles jedoch völlig anders aus. Solche Bedingungen haben negative Auswirkungen auf das Befinden, lösen starke Stressreaktionen bei den Betroffenen aus und können letztlich zu Krankheit bis hin zum Tod führen. Die entscheidende Frage lautet also: Was führt zu sozialer Instabilität? Und: Warum können manche Tiere keine stabilen sozialen Beziehungen mit anderen Artgenossen ausbilden?

Die verheerenden Auswirkungen sozialer Instabilität

Im natürlichen Lebensraum der Tiere kommt es vor allem während der Fortpflanzungszeit zu sozialer Instabilität, und damit einher geht häufig ein hohes Maß an sozialem Stress. Dies lässt sich beispielsweise jedes Jahr aufs Neue beim Rothirsch beobachten. Während der meisten Zeit des Jahres leben die Männchen friedlich in sogenannten «Bachelor-Gruppen» zusammen. Während der Brunftzeit werden sie untereinander jedoch extrem unverträglich und konkurrieren durch Röhrduelle und Imponiergehabe um die Weibchen. Wenn nicht geklärt werden kann, wer das dominante Tier ist, kommt es schließlich zum Kampf. Begleitet werden die Auseinandersetzungen von starken hormonellen Stressreaktionen, und die Tiere nehmen bis zu 20 Prozent ihres Körpergewichts ab. In Kombination mit Verletzungen, die sich die Tiere in den Kämpfen zuziehen können, sind Todesfälle keine Seltenheit.

Ganz Ähnliches wurde auch von Wildkaninchen beschrieben. Auf Sylt wurde vor einigen Jahren eine große wildlebende Population dieser Tiere zu Beginn der Fortpflanzungsphase im März, wenn die Aggression am höchsten ist, und im Oktober/November nach dem Ende der Paarungszeit untersucht. Auch hier zeigte sich sowohl bei den Männchen als auch bei den Weibchen eine starke Ausschüttung von Stresshormonen zur Fortpflanzungszeit.

Die verheerendsten Auswirkungen von sozialer Instabilität während der Paarungszeit, die wir im gesamten Tierreich kennen, wurden von dem australischen Biowissenschaftler Adrian Bradley und seinem Team bei der Stuart-Breitfußbeutelmaus beschrieben. Die kleinen graubraunen Raubbeutler leben in den Wäldern Ostaustraliens. Vor der zweiwöchigen Fortpflanzungsphase im australischen Winter finden sich etwa gleich viele Männchen und Weibchen in der Population, nach der Reproduktionszeit gibt es jedoch nur noch Weibchen. Die Männchen überleben die Paarungszeit nicht, der Fortbestand der Population wird durch die trächtigen Weibchen gesichert.

Schauen wir uns die Vorgänge etwas genauer an: Nach einer etwa vierwöchigen Tragzeit werfen die Weibchen Anfang des Frühlings synchron ihre Jungen und säugen sie. Nach dem Entwöhnen werden die männlichen Nachkommen vertrieben und leben dann zunächst friedlich in Nestern, die sie gemeinsam nutzen. Nach Erreichen der Geschlechtsreife werden sie aber unverträglich und gründen Territorien, in denen sie einzeln leben und deren Grenzen sie verteidigen. Bis zu diesem Zeitpunkt handelt es sich um ein wohlgeordnetes, stabiles Sozialsystem mit klaren sozialen Regeln.

Mit Beginn der Paarungssaison brechen die Grenzen der Territorien jedoch zusammen. Von nun an sind die Männchen nahezu ausschließlich in Paarungen mit den Weibchen und in Kämpfe mit den anderen Männchen verwickelt. Untersuchungen der Stresshormone ergaben extrem erhöhte Werte, die im Zusammenspiel mit gleichzeitig stark erhöhten Sexualhormonen zu einer verhängnisvollen Schwächung des Immunsystems führen. Der Organismus ist dann Krankheitserregern schutzlos ausgeliefert, was innerhalb kürzester Zeit zum Tod der Männchen führt. Wurden die Männchen jedoch vor Beginn der Paarungszeit aus der natürlichen Population gefangen, in Gehegen untergebracht und waren somit keiner sozialen Instabilität ausgesetzt, dann traten auch keine Stressreaktionen auf, und sie konnten mehrere Jahre alt werden. Es handelt sich also nicht um einen genetisch vorprogrammierten Tod. Vielmehr sterben die erwachsenen Männchen aufgrund der sozialen Prozesse, die mit der Paarungszeit einhergehen.

Man könnte fragen: Warum setzen sich die Tiere diesem Stress aus? Warum sagt sich eine männliche Stuart-Breitfußbeutelmaus nicht: «Ich bevorzuge ein stressfreies und langes Leben und halte mich deshalb von den Paarungsaktivitäten fern»? Ein Tier, das sich so verhielte, würde tatsächlich uralt und erfreute sich ausgezeichneten Wohlergehens. Ein solches Verhaltensmuster wäre aber nicht, wie man sagt, evolutionsstabil, denn dieses Tier hätte keine Chance, seine Gene in die nächste Generation weiterzugeben. Das ist nur jenen Artgenossen vergönnt, die all ihre Energie in die Fortpflanzung investieren, selbst wenn diese Aktivitäten mit extremem Stress und einer kurzen Lebenszeit verbunden sind. Als Konsequenz wird es in der nächsten Generation wieder nur Männchen geben, die Gene für dieses selbstzerstörende Verhalten tragen.

Auch in menschlicher Obhut sehen sich Tiere häufig mit Bedingungen sozialer Instabilität konfrontiert. Dies ist insbesondere dann der Fall, wenn die Gruppenzusammensetzung ständig verändert wird. Dann tritt verstärkt aggressives Verhalten auf, und die Ausbildung dauerhafter Dominanzbeziehungen und sozialer Bindungen wird verhindert. Dieses Phänomen kann bei Haustieren, Labortieren, landwirtschaftlichen Nutztieren und Zootieren gleichermaßen beobachtet werden. Immer gehen diese Situationen mit einer starken Ausschüttung von Stresshormonen einher, die langfristig zu gesundheitlichen Beeinträchtigungen führen. Bemerkenswerterweise sind die dominanten Tiere häufig stärker betroffen als die unterlegenen, da sie immer wieder aktiv ihren hohen Status aushandeln und bekräftigen müssen.

Eine Untersuchung von US-amerikanischen Biomedizinern um Jay Kaplan an Javaneraffen zeigt diese Gegebenheiten besonders deutlich. Javaneraffen leben in den Wäldern Südostasiens in Gruppen mit mehreren erwachsenen Männchen und Weibchen. Sie bilden nach Geschlechtern getrennte Dominanzhierarchien aus und formen stabile soziale Bindungen. Auch in Menschenhand organisieren sie sich auf dieselbe Art und Weise, und es geht ihnen unter stabilen sozialen Bedingungen gut. Wenn Nahrung mit einem hohen Anteil an Cholesterin gefüttert wird, dann hat das keinerlei negative Auswirkungen auf die Gesundheit der Tiere. Dies ist erstaunlich, gilt Cholesterin doch beim Menschen als gefährlicher Risikofaktor für die Entstehung von Herz-Kreislauf-Erkrankungen, und Tiermediziner wissen seit langem, dass gerade Javaneraffen für diese Erkrankung anfällig sind. Kommt es aber zu sozialer Instabilität, weil ansässige Tiere wiederholt aus der Gruppe entfernt und neue hinzugesetzt werden, so reagieren vor allem die dominanten Männchen mit gesteigerter Aggression und Stressreaktionen. In dieser Situation führt eine Nahrung mit viel Cholesterin bei den Männchen mit hohem sozialem Status schnell zu arteriosklerotischen Erkrankungen. Während hohe Mengen an Cholesterin allein also keine negativen Konsequenzen für die Gesundheit der Tiere haben, stellt das Zusammentreffen von Cholesterin und sozialer Instabilität insbesondere für die ranghohen Tiere ein erhebliches Risiko dar.

Warum manche Tiere nicht stressfrei miteinander leben können

Wenn zwei fremde Männchen aufeinandertreffen, kommt es häufig zu heftigen Auseinandersetzungen, die von einem starken Anstieg ihrer Stresshormone begleitet werden. Ob es in der Folge zur Ausbildung von stabilen Dominanzbeziehungen, einem friedlichen Zusammenleben und dem Abklingen der Stressreaktionen kommt oder ob keine einvernehmliche Koexistenz möglich ist und das Stressniveau bei zumindest einem der beiden Tiere dauerhaft erhöht bleibt, hängt maßgeblich von zwei Faktoren ab: erstens von den sozialen Erfahrungen, die die Tiere in ihrem Leben gemacht haben, und zweitens von der sozialen Organisation, die für die jeweilige Tierart typisch ist.

Bezüglich der sozialen Erfahrungen hatten wir bereits bei den Hausmeerschweinchen gesehen, dass die Sozialisationsbedingungen nicht nur Auswirkungen auf das soziale Verhalten der Tiere, sondern auch auf ihr Befinden und ihre Stressreaktionen haben. Es ist schon faszinierend zu sehen, wie zwei einander völlig fremde Männchen sich bei ihrer ersten Begegnung ohne jegliche Aggression miteinander stressfrei arrangieren können, vorausgesetzt, sie wurden in großen gemischtgeschlechtlichen Gruppen sozialisiert. Eine Sozialisation ohne die Anwesenheit älterer, dominanter Männchen ruft in der gleichen Situation hingegen ein hohes Maß an Aggression, dauerhafte Unverträglichkeit und extreme Stressreaktionen hervor.

Ähnliche Gesetzmäßigkeiten über den Zusammenhang von Erfahrung, Aggression und Stress dürften für nahezu alle Säugetiere zutreffen, die in ihrem natürlichen Habitat in Gruppen aus mehreren Männchen und Weibchen leben. Das Zusammentreffen mit fremden Artgenossen führt bei diesen Tieren also nicht zwangsläufig zu Aggressionen und Stress. Die Regeln für ein verträgliches und stressfreies Zusammenleben können erlernt werden.

Anders verhält es sich allerdings, wenn die Tiere einzelgängerischen Arten angehören. So lebt der Feldhamster im natürlichen Lebensraum allein und verteidigt ein Territorium. Es wäre keine gute Idee, zwei erwachsene Tiere dieser Art in menschlicher Obhut zusammen halten zu wollen. Sie würden sich nicht arrangieren; die Belastung wäre extrem hoch. Solche Reaktionen wurden bei vielen Tierarten beschrieben, deren soziale Organisationsform wie beim Feldhamster einzelgängerisch und territorial ist.

Auch bei Säugetierarten, die in ihrem natürlichen Habitat paarweise leben, gibt es normalerweise keine stressfreie Koexistenz, wenn Tiere desselben Geschlechts aufeinandertreffen. Spitzhörnchen sind hier durch die Studien des Bayreuther Zoologen Dietrich von Holst und seines Teams besonders gut untersucht. Diese Tiere sind, anders als ihr Name suggeriert, keine Nager. Sie bilden eine eigenständige Säugetiergruppe, die in enger Verwandtschaft zu den Affen steht. In Größe, Form und Aussehen haben sie eine gewisse Ähnlichkeit mit Eichhörnchen; ihr Kopf ist allerdings zugespitzt und das Maul mit scharfen Zähnen besetzt. Spitzhörnchen leben in den tropischen und subtropischen Wäldern Südostasiens paarweise in Territorien, deren Grenzen sie vehement gegen andere Artgenossen verteidigen. Werden zwei einander unbekannte Männchen dieser Art in ein fremdes Gehege eingesetzt, in dem sich mehrere Rückzugs- und Schlafkästen sowie verschiedene Fress- und Trinkstellen befinden, so erkunden sie zunächst die neue Umgebung. Innerhalb der nächsten Stunden beginnen dann Auseinandersetzungen, die im Laufe von ein bis drei Tagen zu einer Differenzierung in einen Gewinner und einen Verlierer führen. In dieser Anfangsphase kommt es, wie nicht anders zu erwarten, bei beiden Tieren zu einer starken Ausschüttung von Stresshormonen und deutlich erhöhten Herzschlagraten. Nachdem die Dominanzverhältnisse dann aber geklärt sind, beachtet der Dominante den Unterlegenen kaum noch, aggressive Auseinandersetzungen sind sehr selten, oder sie fehlen ganz. In der Folge geht der Stresslevel beim dominanten Tier auf das Ausgangsniveau zurück.

Für die Verlierer stellt sich die Situation allerdings völlig anders dar. Sie können aufgrund ihres Verhaltens in zwei unterschiedliche Typen unterteilt werden, die auf ihre missliche Situation völlig verschieden reagieren. Der eine Verlierertyp verkriecht sich in eine Ecke des Geheges oder zieht sich in eine Schlafbox zurück, die er nur noch zum hastigen Fressen und Trinken verlässt. Er ist ohne Initiative, vernachlässigt die Fellpflege, wirkt apathisch und depressiv. Ein solches Verhaltensmuster wird bei Mensch und Tier als «passiver Stress» bezeichnet und geht mit extrem hohen Cortisolwerten einher, die innerhalb kurzer Zeit zu einer gravierenden Schwächung des Immunsystems führen können.

Der andere Verlierertyp antwortet auf die Verliererrolle mit nahezu der gegenteiligen Reaktion: Er ist hyperaktiv und ständig in Hektik, beobachtet permanent den Dominanten und versucht, ihm immer aus dem Weg zu gehen. Sollte dies nicht gelingen, verteidigt er sich trotz seiner unterlegenen Stellung aktiv. Ein solches Muster wird als «aktiver Stress» bezeichnet. Es geht mit einer starken Ausschüttung der Hormone Adrenalin und Noradrenalin sowie permanent erhöhten Herzschlagraten einher.

Es gibt bei den Spitzhörnchen also keine stressfreie Koexistenz, wenn sich zwei gleichgeschlechtliche Artgenossen begegnen. Die Differenzierung in Gewinner und Verlierer bedeutet ein stressfreies Leben für den Dominanten, die Verlierer hingegen haben die Wahl zwischen Cholera und Pest: Sie können entweder dauerhaft mit aktivem oder passivem Stress reagieren.

Von den Spitzhörnchen kann allerdings nicht verallgemeinert werden, dass es immer die Dominanten sind, die stressfrei leben. Bei den Javaneraffen hatten wir bereits gesehen, dass es in sozialer Instabilität die Tiere mit einem hohen sozialen Status sind, die mit besonders heftigen Stressreaktionen reagieren. Und bei den Hausmeerschweinchen stiegen im Falle nicht geklärter sozialer Beziehungen die Stresshormone auch bei den Alphatieren an. Es ist also nicht der soziale Status eines Tieres an sich, der darüber entscheidet, ob es zu einer erhöhten sozialen Belastung kommt. Vielmehr ist es das Verhalten, das mit dem sozialen Status verbunden ist. Bei den Spitzhörnchen schenkt der Gewinner den Verlierern keinerlei Beachtung und lebt deshalb ohne Stress. In vielen Affengesellschaften, aber auch in Gruppen von Mäusen sind die ranghöchsten Männchen ständig damit beschäftigt, die Dominanzbeziehungen durch Drohverhalten zu bekräftigen, die Weibchen zu bewachen oder die Reviergrenzen zu patrouillieren. Diese Tiere wirken wie permanent gestresste Manager und unterliegen hohem aktivem Stress. In solchen Fällen spricht die Verhaltensbiologie von den «Kosten der Dominanz». Wie an Gruppen von Mäusen sehr gut untersucht wurde, gehen diese Kosten langfristig mit erhöhtem Blutdruck und anderen Herz-Kreislauf-Erkrankungen einher.

Der Segen guter sozialer Beziehungen

Viele Jahre konzentrierte sich die Forschung vor allem darauf zu ermitteln, welche Situationen belastend sind. Nach und nach wurde aber immer häufiger die Frage gestellt: Welche Faktoren können denn Stress puffern? Bei den Hausmeerschweinchen haben wir bereits eine wichtige Antwort kennengelernt. In belastenden Situationen vermag die Anwesenheit des Bindungspartners die hormonellen Stressreaktionen zu reduzieren. Diese Erkenntnis trifft nicht nur auf die Meerschweinchen zu. Vielmehr erweist sich die Nähe von Artgenossen ganz generell als eines der besten Mittel gegen Stress, vorausgesetzt, es bestehen gute soziale Beziehungen.

Enge soziale Bindungen finden wir bei nahezu allen Säugetieren zwischen der Mutter und ihren Kindern, insbesondere, solange die Jungtiere gesäugt werden. In dieser Phase ist die Mutter nicht nur wichtig, weil sie ihren Nachwuchs mit Milch versorgt, ihn wärmt und schützt. Vielmehr versteht sie es auch, den Stresspegel ihres Nachwuchses in aufregenden Situationen niedrig zu halten. Ganz gleich, ob wir Meerschweinchen, Rhesusaffen, Totenkopfaffen oder den Menschen betrachten: Wenn kleine Kinder sich plötzlich allein in neuen Situationen befinden, kommt es schnell zu einem Anstieg des Cortisols. Ist allerdings in derselben Situation die Mutter anwesend, wird in der Regel keine Stressreaktion registriert. Interessanterweise ist es bei den nichtmenschlichen Säugetieren aber keineswegs immer die Mutter, die die Stressreaktion der Kinder am besten zu puffern vermag. Beim Grauen Springaffen beispielsweise kann der Vater dies wesentlich effektiver.

Warum sich mal die Mutter und mal der Vater als besserer Stresspuffer erweist, wird bei einem Vergleich von Totenkopfaffen und Grauen Springaffen ersichtlich. Beide Arten gehören zu den Neuweltaffen, leben in den Wäldern Südamerikas und unterscheiden sich kaum in ihrer Größe und Nahrung. Völlig unterschiedlich ist jedoch die Weise, wie sie sich sozial organisieren: Totenkopfaffen leben in großen umherstreifenden Gruppen beiderlei Geschlechts, wobei die Männchen eher mit Männchen und die Weibchen eher mit Weibchen Umgang pflegen. Graue Springaffen bilden hingegen dauerhaft monogame Paare, die zusammen mit ihrem Nachwuchs in Territorien leben, die sie vehement gegenüber anderen Artgenossen verteidigen.

Sobald die Kinder ausgewachsen sind, müssen sie das Revier der Eltern verlassen. Diese unterschiedlichen Lebensweisen haben deutliche Auswirkungen auf die Eltern-Kind-Beziehung. Bei den Totenkopfaffen bildet sich ein enges emotionales Band zwischen dem Kind und seiner Mutter, Begegnungen zwischen dem Vater und dem Nachwuchs gibt es kaum. So überrascht es nicht, dass bei dieser Art die Mutter den Stresspegel der Nachkommen deutlich besser puffern kann als der Vater.

Im Gegensatz dazu engagieren sich bei den Grauen Springaffen – wie bei vielen anderen paarweise lebenden Arten auch – beide Eltern bei der Aufzucht des Jungen. Die Hauptfürsorge wird dabei allerdings vom Vater übernommen. Er kümmert sich, trägt das Kind und überlässt es der Mutter häufig nur zum Säugen. So erscheint es logisch, dass die Bindung zwischen Vater und Jungem deutlich intensiver als zwischen der Mutter und ihrem Nachwuchs ist. Entsprechend vermag der Vater auch die Stresspegel des Jungtieres wesentlich besser zu dämpfen. Die allgemeine Regel, die sich hier zeigt, lautet: Je enger die soziale Beziehung, desto effektiver der Schutz vor Stress.

Dass diese Regel auch für die Beziehung zwischen Erwachsenen gilt, hatten wir am Beispiel des roten Emil bereits beim Hausmeerschweinchen gesehen. Sie lässt sich ebenfalls im Vergleich von Totenkopfaffen und Grauen Springaffen bestätigten, wie die kalifonischen Psychologen Sally Mendoza und William Mason eindrucksvoll zeigen konnten: Bei den monogamen Springaffen verbindet die Partner eines Paares ein enges emotionales Band. In belastenden Situationen hält die Anwesenheit des Partners den Stress bei beiden Tieren auf niedrigem Niveau. Hingegen führt der Verlust des Partners zu starken Stressreaktionen. Bei den Totenkopfaffen existiert ein solches emotionales Band zwischen Männchen und Weibchen im natürlichen Lebensraum nicht. Und es bildet sich auch dann nicht, wenn die Tiere in menschlicher Obhut als Paare gehalten werden. Entsprechend führt die Trennung von Männchen und Weibchen zu keiner Stressreaktion, auch wenn sie lange als Paar zusammengelebt hatten. In belastenden Situationen vermögen diese Tiere aber auch nicht, durch ihre Anwesenheit die Stressreaktion des anderen zu reduzieren.

Einen Schutz vor Stress können nicht nur andersgeschlechtliche Partner bieten. Ein ebenso guter Stresspuffer können auch gleichgeschlechtliche Sozialpartner sein. So sind bei zahlreichen Affenarten die weiblichen Tiere in ein soziales Netzwerk aus nahverwandten Artgenossinnen eingebunden und bilden enge soziale Bindungen zu anderen Weibchen aus. Auch hier zeigt sich immer wieder: Je stärker die sozialen Bande und je enger das soziale Netz, desto geringer sind die Reaktionen, wenn Stressoren auf den Organismus einwirken.

Letztlich können auch soziale Bindungen zwischen Männchen ein wirkungsvoller Stresspuffer sein, wie Untersuchungen eines Teams von Göttinger Primatologen um Julia Ostner und Oliver Schülke an Berberaffen besonders gut zeigen. Diese Tiere leben in Gruppen aus mehreren Männchen und Weibchen. Zwar herrscht unter den Männchen eine starke Konkurrenz, und es wird heftig um den Zugang zu den Weibchen gestritten. Dennoch können die Männchen auch enge soziale Beziehungen zu wenigen anderen Männchen ausbilden, die sich in räumlicher Nähe, häufigem Körperkontakt und gegenseitigem Fellkraulen äußern. Diese Beziehungen sind mit Freundschaften beim Menschen verglichen worden und stellen einen effektiven Puffer gegenüber den Belastungen des alltäglichen Lebens dar. In ihrem natürlichen Habitat im marokkanischen Atlasgebirge sind dies vor allem Aggressionen, die von Artgenossen ausgehen, aber auch niedrige Temperaturen, denn dort wird es empfindlich kalt. Beide Stressoren führen zur dauerhaft erhöhten Ausschüttung von Stresshormonen. Interessanterweise fällt die Stressantwort sowohl auf die soziale als auch auf die Wetterbelastung umso geringer aus, je stärker die Freundschaften mit anderen Männchen ausgebildet wurden.

Die eindrucksvollsten Ergebnisse über den Segen einer guten sozialen Beziehung stammen von den Spitzhörnchen. Wie wir bereits gehört haben, leben diese Tiere im natürlichen Habitat in Paaren. Wenn in menschlicher Obhut ein Männchen und ein Weibchen erstmals aufeinandertreffen, so bildet sich in den meisten Fällen jedoch kein harmonisches Paar. Manchmal kommt es sogar zu so intensiven Kämpfen, dass die Tiere getrennt werden müssen. In der Regel können sie koexistieren, es besteht allerdings eine hohe Anspannung, die sich in gegenseitigem Vermeiden und gelegentlichen Kämpfen zeigt. In etwa zwanzig Prozent der Verpaarungen ergibt sich allerdings ein völlig anderes Bild: Diese Tiere sehen einander, sie mögen sich, und von Beginn an pflegen sie einen freundschaftlichen Umgang. Der Beobachter hat den Eindruck: «Liebe auf den ersten Blick.» Die Tiere belecken sich gegenseitig das Maul, sind ständig nah beieinander, und wenn sie ruhen, dann mit Körperkontakt. Nachts benutzen sie immer denselben Schlafkasten, was bei den unharmonischen Paaren niemals geschieht. Vergleicht man das Stresslevel bei den verschiedenen Paaren, so zeigt sich ein deutlicher Unterschied: Bei den harmonischen Paaren ist es drastisch herunterreguliert. Als Folge haben sie ein deutlich besseres Immunsystem und permanent niedrigere Herzschlagraten als die Paare, die sich nicht so gut verstehen. Mein Mentor Dietrich von Holst pflegte in seinen Vorträgen über die Spitzhörnchen immer zu sagen: «Liebe ist auch bei Tieren die beste Medizin.»

Fazit

Dieses Kapitel berichtete über die fundamentale Bedeutung der sozialen Umwelt für das Verhalten und das Stresslevel von Säugetieren. Wir haben gesehen, dass soziale Kontakte sowohl positive als auch negative Auswirkungen für den Organismus haben können. Sind Tiere in ein stabiles soziales Sozialsystem integriert, in dem jedes Individuum seine soziale Position kennt und akzeptiert, dann müssen weder ein niederer sozialer Status noch eine hohe Populationsdichte zu einer erhöhten Stressbelastung führen. Unter Bedingungen sozialer Instabilität und bei nicht geklärten sozialen Beziehungen kann es jedoch zu starken Stressreaktionen und gesundheitlichen Beeinträchtigungen kommen. Ob stabile Beziehungen etabliert werden können, hängt maßgeblich von der sozialen Organisation der jeweiligen Tierart ab. Ferner sind die sozialen Erfahrungen, die die Individuen gemacht haben, von ausschlaggebender Bedeutung. Als besonders wirkungsvoll gegen Stressoren erweisen sich das Eingebundensein in ein soziales Netz und gute Beziehungen zu sozialen Bindungspartnern.

KAPITEL 3

WENN DIE KATZE SPIELT, GEHT ES IHR GUT

*Über Wohlergehen, Emotionen
und tiergerechtes Leben*

**Wohlergehen und Emotionen: lange vernachlässigte
Themen der Verhaltensbiologie**

Es vergeht kaum ein Tag, an dem die Medien nicht über das Thema «Tierwohl» berichten, denn die Gesellschaft stellt immer häufiger Fragen zum Wohlergehen der Tiere: Wie sieht eine tiergerechte Haltung für Legehennen aus? Wie fühlen sich Eisbären und Tiger in zoologischen Gärten? Soll das eigene Pferd allein oder zusammen mit Artgenossen im Stall stehen? Und wie geht es dem Mops, wenn Frauchen in Urlaub fährt und er allein zu Haus bleiben muss?

Leben Tiere in menschlicher Obhut, dann sind wir für sie verantwortlich, und es soll ihnen gutgehen. Aber woher wissen wir als Menschen, wann es Tieren gut- und wann es ihnen schlechtgeht, wann eine Haltung tiergerecht ist und wann nicht? Im deutschen Tierschutzgesetz heißt es an zentraler Stelle, dass Schmerzen, Leiden oder Schäden vermieden werden sollen. Schmerzen und Leiden schließen aber subjektive Empfindungen mit ein, die mit naturwissenschaftlichen Methoden nicht direkt zu ermitteln sind. Gleichzeitig wird die Forderung immer lauter, dass eine tiergerechte Haltung mit positiven Emotionen für die Tiere verbunden sein soll.

Der Verhaltensbiologie stellt sich damit die Aufgabe, naturwissenschaftliche Kriterien und Methoden zu entwickeln, um verlässliche Aussagen über das Wohlergehen der Tiere und ihre Emotionen zu treffen. Denn es reicht sicher nicht, ein Tier zu betrachten und dann gefühlsmäßig eine Aussage über sein Wohlergehen zu treffen: Delfine sehen beispielsweise immer so aus, als würden sie lachen. Dieser Eindruck kommt aber ausschließlich durch die Form und Stellung ihrer Ober- und Unterkiefer sowie eine fehlende Gesichtsmimik zustande und darf nicht dazu verleiten, ihnen permanente gute Laune und ausgezeichnetes Wohlergehen zu unterstellen.

Die Gründerväter der Verhaltensbiologie hatten die Themen Wohlergehen und tierliche Emotionen in ihren wissenschaftlichen Publikationen ausgeklammert. Zweifellos wusste ein so exzellenter Tierkenner wie Konrad Lorenz, dass Tiere über Emotionen verfügen. Er vertrat allerdings die Auffassung, dass wir über das subjektive Erleben der Tiere keine naturwissenschaftlich fundierten Aussagen machen können. Rückblickend war es wahrscheinlich auch ein wissenschaftsstrategisch geschickter Schachzug, dieses Thema in den Anfangsjahren der Verhaltensbiologie nicht auf die Agenda zu setzen. Es war schon schwierig genug, das Verhalten der Tiere als Forschungsgegenstand und seine objektive Beschreibung als wissenschaftliche Methode zu etablieren. Mit der zusätzlichen Thematisierung tierlicher Emotionen wäre es vor mehr als einem halben Jahrhundert wohl kaum gelungen, die Verhaltensbiologie als eigenständige naturwissenschaftliche Disziplin zu verankern. Die Konsequenz daraus war indessen, dass Wohlergehen und Emotionen bei Tieren über Jahrzehnte keine wesentlichen Forschungsthemen der Verhaltensbiologie darstellten. Mittlerweile hat sich das grundlegend verändert. Es wurden Methoden entwickelt, um Wohlergehen und Emotionen bei Tieren zu diagnostizieren und zu erkennen, welche Faktoren zu beeinträchtigtem und welche zu ausgezeichnetem Wohlergehen führen und welche mit negativen und welche mit positiven Emotionen verbunden sind.

Wohlergehen ist ein veränderbarer Zustand, der bei Mensch und Tier von «ausgezeichnet» bis «stark beeinträchtigt» reichen kann. Wir können Tiere zwar nicht mit Hilfe von Fragebögen ausforschen, um zu erfahren, wie es ihnen geht. In vielen Fällen ist ein beeinträchtigtes Wohlergehen dennoch relativ leicht festzustellen. Wenn Schweinen in der Intensivhaltung die Schwänze abgefressen werden, Hühner sich in der Bodenhaltung gegenseitig die Federn auspicken und Rinder nach einem Tiertransport gebrochene Gliedmaßen aufweisen, dann bedarf es keiner langen Forschung, um die Schäden festzustellen und ein beeinträchtigtes Wohlergehen zu konstatieren. Auch ist es für Tierärzte relativ einfach, Tierkrankheiten zu erkennen, die häufig durch Infektionen, Parasiten oder Tumore ausgelöst werden und mit einem stark beeinträchtigten Gesundheitszustand einhergehen. Wenn aber keine körperlichen Schäden und keine gesundheitlichen Beeinträchtigungen festgestellt werden können, wenn das Pferd, das Schwein, der Hund, die Katze, das Meerschweinchen, die Maus oder der Papagei auf den ersten Blick gut aussehen – geht es ihnen dann auch wirklich gut? Kann immer dann, wenn keine Krankheit festzustellen ist, auf ausgezeichnetes Wohlergehen geschlossen werden? Die Mehrzahl der Verhaltensforscherinnen und -forscher würde sagen: «Wohl kaum.»

Wie sieht also eine Wohlergehensdiagnostik für Tiere auf dem aktuellen Stand der verhaltensbiologischen Forschung aus? Grundsätzlich sollte sie sowohl die physische als auch die psychische Gesundheit der Tiere umfassen. Zur physischen Gesundheit gehört dabei selbstverständlich, frei von Krankheiten und körperlichen Schäden zu sein sowie eine für die Art typische Lebenserwartung. Um darüber hinaus beurteilen zu können, ob die Tiere psychisch gesund sind, ob es ihnen tatsächlich gutgeht, sollten physiologische Werte wie die Konzentrationen von Stresshormonen, aber auch das Verhalten der Tiere herangezogen werden.

Hormone und Wohlergehen

Im vorherigen Kapitel hatten wir bereits gesehen, wie die Bestimmung von Stresshormonen Aussagen über den Zusammenhang von Umwelt, Verhalten und Belastungsgrad bei Tieren erlaubt. Generell kann mit Hilfe solcher Messungen beurteilt werden, ob Tiere in der Lage sind, sich an ihre Umwelt gut anzupassen, oder ob der Käfig, der Sozialpartner, der Betreuer, das gesamte Leben in menschlicher Obhut eine Überforderung darstellt. Darüber hinaus erlauben Hormonmessungen häufig Einsichten, die wir aus der reinen Beobachtung des Verhaltens nicht gewinnen würden.

Wenn beispielsweise ein Hausmeerschweinchen aus seiner Gruppe entnommen, vorsichtig auf den Schoß gesetzt und zehn Minuten lang gestreichelt wird, dann sitzt es ruhig da, gibt keinen Laut von sich und scheint zufrieden zu sein. Alles deutet darauf hin, dass es ihm gutgeht. Wird aber zu Beginn und am Ende der Streichelsitzung mit einem Wattestäbchen etwas Speichel aus dem Maul entnommen und werden daraus die Cortisolwerte bestimmt, so zeigt sich ein ganz anderes Bild: Die Stresshormone steigen um fast 80 Prozent an. Offensichtlich mag es das Tier nicht besonders, angefasst und gestreichelt zu werden, zumindest dann nicht, wenn es nicht an den Menschen gewöhnt ist. Wird hingegen kurz eine Speichelprobe entnommen und das Tier sogleich zurück in sein Gehege zu seinen vertrauten Artgenossen gesetzt, dann zeigt sich zehn Minuten später keinerlei Erhöhung der Stresswerte.

In aller Regel sind es aber nicht die Hormonwerte allein, die Einblicke in das Wohlergehen der Tiere erlauben, es ist vielmehr die Kombination aus Stresshormonmessungen und Verhaltensbeobachtungen. So fanden wir vor einigen Jahren im Allwetter-Zoo Münster heraus, welch dramatische Auswirkungen die Art der Fütterung auf das Aggressions- und Stresslevel in einer Gruppe von Breitmaulnashörnern hatte. Der Bulle Josef lebte damals tagsüber mit den Weibchen Natala, Emily, Vicky und Emmi in einer Außenanlage. Den Abend und die Nacht verbrachten die Tiere einzeln in kleinen Ställen, wo sie auch ihre Hauptfutterrationen erhielten. Morgens kamen sie wieder gemeinsam auf die Außenanlage, wo sie in der Mitte des Geheges als Belohnung für das Verlassen des Stalles ein geklumpter Haufen Heu erwartete. Die Nashörner wussten diese Futtergabe sehr zu schätzen, denn sie versammelten sich jeden Morgen um den Heuhaufen und hatten ihn spätestens eine halbe Stunde danach vollständig verzehrt. Was uns etwas Sorgen bereitete, war das relativ hohe Maß an Aggressionen, das die Tiere während des ganzen Tages zeigten.

Wir fragten uns, ob vielleicht die geklumpte Heufütterung am Morgen für das relativ hohe Aggressionsniveau und also auch ein hohes Stresslevel verantwortlich sein könnten. So führten wir eine Studie durch, in der wir die Futtergabe systematisch variierten: Morgens bekamen die Tiere immer die gleiche Menge an Heu, an manchen Tagen aber als einen großen, geklumpten Haufen, an anderen Tagen in Form von fünf kleinen Haufen, die gleichmäßig im Gehege verteilt waren. Wir hatten damals gerade eine Methode entwickelt, um aus dem Speichel von Nashörnern die Konzentration von Stresshormonen zu bestimmen. Deshalb entnahmen wir den Tieren zusätzlich an jedem Morgen und jedem Abend Speichelproben. Bemerkenswerterweise waren die Stresslevel bei allen Tieren abends deutlich erhöht, wenn das Heu am Morgen als ein einziger großer

Haufen gefüttert worden war. Selbst am nächsten Morgen ließ sich dieser Effekt noch nachweisen.

Aber warum führte eine geklumpte Futtergabe noch 24 Stunden später zu erhöhten Stresswerten, obwohl das Heu bereits nach einer halben Stunde verzehrt war? Die Beobachtung des Verhaltens lieferte die Erklärung: Bei der Fütterung eines einzigen Heuhaufens kamen alle fünf Nashörner recht nah zusammen. Diese räumliche Nähe löste aggressives Verhalten insbesondere zwischen dem Bullen und den Weibchen aus, das während des ganzen Tages beibehalten wurde. Erfolgte die Fütterung in fünf Haufen, kamen die Tiere einander längst nicht so nah, und das Aggressions- und Stressniveau war während des gesamten Tages deutlich niedriger.

Stresshormone wie Cortisol, Corticosteron oder Adrenalin kommen bei allen Wirbeltieren einschließlich des Menschen in vergleichbarer Form vor. Die Menge an Stresshormonen, die ausgeschüttet wird, ist ein wichtiges Indiz für den Belastungsgrad des Individuums. Deshalb spielt die Bestimmung von Stresshormonen eine wichtige Rolle bei der Forschung zum Wohlergehen der Tiere. Häufig erfasste physiologische Parameter sind ferner die Herzschlagrate, wobei eine zu hohe und unregelmäßige Herzfrequenz ebenfalls auf Belastungen hinweisen kann. Darüber hinaus gewinnt auch die Bestimmung von Messwerten an Bedeutung, die etwas über die Güte des Immunsystems aussagen, denn häufig führen zu hohe Level der Stresshormone langfristig zu einer Schädigung des Immunsystems. Eine wesentliche Erkenntnis der letzten Jahre lautet allerdings auch: Eine Diagnose des Wohlergehens allein aufgrund solch physiologischer Indikatoren ist für Fehler sehr anfällig. Deshalb ist es essenziell, immer auch das Verhalten der Tiere zu erfassen.

Warum das so ist, lässt sich leicht erläutern. Wie wir bereits gesehen haben, führen soziale Instabilität, Niederlagen in entscheidenden Kämpfen oder die Trennung vom Partner zu starker Ausschüttung von Stresshormonen. Solche Situationen sollten deshalb bei Tieren in menschlicher Obhut vermieden werden. Allerdings wird in einer speziellen Situation regelmäßig noch mehr an Stresshormonen ausgeschüttet: und zwar bei der Paarung. Nun spricht rein gar nichts dafür, dass diese Situation mit einem beeinträchtigten Wohlergehen einhergeht – ganz im Gegenteil. Es kann also nicht aus dem Anstieg der Stresshormone allein geschlossen werden, ob es Tieren gutgeht oder nicht. Vielmehr ist ein solches Urteil nur im Zusammenhang mit dem Verhalten in der jeweiligen Situation möglich. Wichtig ist, sich in diesem Zusammenhang die Funktion der Stresshormone klarzumachen: Sie lösen in erster Linie Vorgänge im Organismus aus, die ihn mit Energie versorgen, damit er – je nach Situation – kämpfen, fliehen oder auch sich paaren kann. Die Ausschüttung von Stresshormonen kann deshalb zwar häufig ein Anzeichen von beeinträchtigtem Wohlergehen sein – sie muss es aber nicht.

Verhalten und Wohlergehen

Was kann das Verhalten über das Befinden der Tiere sagen? Welche Verhaltensabläufe zeigen ein ausgezeichnetes und welche ein beeinträchtigtes Wohlergehen an? Klar ist: Wenn ein Tier, ganz gleich ob Hund, Katze oder Hamster, nicht genügend frisst oder trinkt, obwohl Nahrung und Wasser ausreichend zur Verfügung stehen, so ist dies ein genauso verlässlicher Indikator für ein beeinträchtigtes Wohlergehen wie die zuvor besprochenen physiologischen Messgrößen. Wenn Tiere ihre Körperpflege vernachlässigen, sich nicht mehr putzen und belecken, wenn sie initiativlos sind und apathisch in einer Ecke hocken, dann deutet dies auf schwerste Beeinträchtigungen hin. Stallungen,

Gehege und Käfige, in denen solche Merkmale regelmäßig auftreten, sind ganz sicher nicht tiergerecht.

Einen guten Hinweis darauf, ob das Wohlergehen beeinträchtigt ist, liefert ferner die Tagesperiodik des Verhaltens. Alle Tiere haben einen Rhythmus mit festgelegten Ruhe- und Aktivitätsphasen, der für die jeweilige Art typisch ist. Unsere Singvögel sind beispielsweise tagaktiv. Am frühen Morgen weisen sie ein Hauptmaximum und abends ein Nebenmaximum auf. Nachts herrscht absolute Ruhe. Igel, Mäuse oder Hamster sind hingegen während der Dunkelphase aktiv und ruhen tagsüber. Wieder andere Tiere, wie die Haus- und Wildmeerschweinchen, folgen einem Rhythmus, der aus mehreren Phasen besteht. Unabhängig von der Hell- oder Dunkelphase: Aktivität und Ruhe wechseln sich regelmäßig alle paar Stunden ab. Ganz gleich, welche Form der Tagesrhythmik eine bestimmte Tierart hat: Geht es Tieren gut, so weisen sie konstante Rhythmen auf. Veränderungen dieser zeitlichen Ordnung sind häufig erste Anzeichen dafür, dass etwas nicht stimmt. Ein Zusammenbruch der Rhythmik weist immer auf schwerste Defizite hin.

Auf den ersten Blick nicht ganz so offensichtliche Hinweise auf eine Beeinträchtigung des Wohlergehens liefern sogenannte Konfliktverhaltensweisen. Wie beim Menschen ist auch bei Tieren längst nicht immer eindeutig, welches Verhalten zu einem bestimmten Zeitpunkt ausgeführt werden soll. Wenn beispielsweise zwei nicht vereinbare Verhaltenstendenzen in etwa gleich stark aktiviert sind, können sie einander hemmen. Als Folge tritt ein völlig unsinniges Verhalten zutage. Das kann zum Beispiel bei kämpfenden Hähnen beobachtet werden: Mitten in der heftigsten Auseinandersetzung stellen die Tiere unvermittelt die Kampfhandlungen ein und picken nach imaginären Körnern, ganz so, als wenn sie hungrig wären. Vergleichbares tritt bei Austernfischern auf: Mitten in einem Kampf können die Rivalen plötzlich die typische Schlafstellung einnehmen, so als ob sie müde wären, um anschließend unvermindert weiterzukämpfen. Solche unerwarteten Bewegungen, die außerhalb des Zusammenhangs auftreten, in dem sie Sinn machen, werden als Übersprunghandlung bezeichnet. Übersprunghandlungen zeigen an, dass für das Tier ein Konflikt besteht. Wenn also in einer Tierhaltung A wesentlich weniger Übersprunghandlungen auftreten als in einer Haltung B, so ist dies ein Indiz dafür, dass es den Tieren in Haltung A besser als in Haltung B geht.

Eine andere Form von Konfliktverhaltensweisen sind die sogenannten Leerlaufbewegungen. Hier bricht sich ein Verhalten Bahn und läuft offenbar völlig ohne Außenreize ab. Ein eindrucksvolles Beispiel kennen wir von Webervögeln. Diese Tiere bauen in freier Natur aus Grashalmen sehr kunstvolle Nester. Werden sie in Volieren ohne Nistmaterial gehalten, so führen sie dennoch die sehr komplizierten Nestbaubewegungen im Leerlauf aus. Auf den menschlichen Beobachter wirkt es so, als konstruierten sie imaginäre Nester. Das Auftreten solcher Leerlaufbewegungen weist darauf hin, dass bestimmte Verhaltenssysteme, wie das Nestbauverhalten, stark aktiviert sind, aufgrund ungeeigneter Haltungsbedingungen aber nicht sinnvoll ausgeführt werden können. Tierhaltungen, in denen es regelmäßig zu Leerlaufhandlungen kommt, sind sicher nicht tiergerecht.

Verhaltensstörungen

Die Konfliktverhaltensweise, über die in der Verhaltensbiologie in den letzten Jahren am meisten geforscht und diskutiert wurde, ist die Bewegungsstereotypie. Dabei handelt es sich um die ständige, gleichförmige Wiederholung einer Verhaltensweise. Solch stereotypes Verhalten ist bei landwirtschaftlichen Nutztieren, Zootieren, Labortieren, aber auch bei Haustieren weit verbreitet. So können Schweine in der Intensivhaltung stundenlang in immer gleicher Weise in die Gitterstäbe ihrer Haltungsbucht beißen, Raubtiere in zoologischen Gärten während des Großteils des Tages in immer wiederkehrenden festen Bahnen hin- und herlaufen oder Mäuse in der Labortierhaltung ständig mit den Vorderpfoten an der Käfigwand scharren. Stereotypien können sich aus Appetenz-, das heißt Suchverhalten, entwickeln, welches ursprünglich dazu dient, eine geeignete Umwelt zu finden, in der dringende Bedürfnisse befriedigt werden können. Unter restriktiven Haltungsbedingungen kann dies aber nicht gelingen. So verfestigt sich das Suchverhalten in starren Formen und wird zu einer Verhaltensstörung, zur Stereotypie.

Neurowissenschaftliche Untersuchungen an Nagetieren haben darüber hinaus gezeigt, das Verhaltensstereotypien mit krankhaften Veränderungen des Gehirns einhergehen. Sie haben große Ähnlichkeiten mit Symptomen psychiatrischer Erkrankungen beim Menschen, zum Beispiel den dauerhaften, gleichförmigen Schaukelbewegungen des Oberkörpers bei autistischen Kindern.

Ursache der Stereotypien müssen aber nicht unbedingt die aktuellen Haltungsbedingungen sein, in denen sich die Tiere befinden. Sie können auch auf lange zurückliegende traumatische Erlebnisse zurückgehen und sind dann auch durch großzügige Haltungsbedingungen nicht mehr rückgängig zu machen. So ist der Fall eines Eisbären dokumentiert, der zunächst in einem engen Zirkuswagen lebte und dort eine Bewegungsstereotypie entwickelt hatte. Auch als das Tier anschließend in einer geräumigen Freianlage gehalten wurde, lief es weiterhin in starren, eng umrissenen Bahnen, die den Abmessungen des Zirkuswagens entsprachen.

Bewegungsstereotypien sind generell Verhaltensstörungen. Sie gehen auf einen gegenwärtigen oder zurückliegenden nicht tiergerechten Umgang zurück. Veränderungen in der Tierhaltung, die zu einem Rückgang oder zum Verschwinden von Bewegungsstereotypien führen, sind daher ein richtiger Schritt hin zu tiergerechten Systemen. So konnten die Bewegungsstereotypien bei Eisbären ganz wesentlich gesenkt werden, wenn ihnen der Fisch nicht einfach vorgesetzt, sondern in Eisblöcken eingefroren in das Gehege gegeben wurde, und Mäuse hörten vollkommen auf, stereotypes Verhalten auszuführen, wenn sie nicht in unstrukturierten kleinen Plastikkäfigen lebten, sondern in größeren, die mit Häuschen, Klettergestell und weiteren Gegenständen bestückt waren.

Gelegentlich wurde argumentiert: Bewegungsstereotypien störten zwar das ästhetische Empfinden des Menschen, es gäbe aber keine Hinweise darauf, dass es sich um Verhaltensstörungen handelt, die mit einem beeinträchtigten Wohlergehen der Tiere einhergehen. Das beste Gegenargument lieferte eine Studie der britischen Wissenschaftlerinnen Ros Clubb und Georgia Mason: Sie untersuchten bei 35 verschiedenen Raubtierarten in zoologischen Gärten, wie häufig sie Verhaltensstereotypien ausführten, wie hoch die Sterblichkeit ihrer Nachkommen in Gefangenschaft war und welche Größe das Streifgebiet der Tiere in ihrem natürlichen Habitat hatte. In die Studie gingen Tierarten ein, die in freier Natur sehr weit umherstreifen, so der Eisbär oder der Löwe, aber auch Arten mit einem relativ kleinen Aktionsraum, wie der Polarfuchs oder der Amerikanische Nerz. Die Analyse zeigte: Je größer das Streifgebiet in freier Natur war, desto häufiger führten die Tiere Bewegungsstereotypien in Gefangenschaft aus. Auch die Jungensterblichkeit in den Zoos war umso höher, je mehr stereotypes Verhalten ausgeführt wurde. Diese Daten zeigen eindeutig, dass Bewegungsstereotypien Verhaltensstörungen sind. Darüber hinaus werfen sie die Frage auf, ob tatsächlich jede Tierart in menschlicher Obhut tiergerecht gehalten werden kann.

Spiel und positive Emotionen

Die Beobachtung des Verhaltens lässt aber nicht nur auf Konflikte und Verhaltensstörungen schließen, sondern sie zeigt auch, wann es Tieren gutgeht. Dies ist beispielsweise der Fall, wenn sie soziopositives Verhalten ausführen, das heißt, nett miteinander umgehen, sich gegenseitig belecken, kraulen oder miteinander kuscheln, so wie wir es im letzten Kapitel bei harmonischen Spitzhörnchenpaaren kennengelernt haben. Auch aus den Lauten und Rufen, die Tiere von sich geben, kann auf ausgezeichnetes Wohlergehen geschlossen werden. Berühmtheit haben in diesem Zusammenhang die lachenden Ratten des aus Estland stammenden Neurowissenschaftlers Jaak Panksepp erlangt.

Ratten, besonders wenn sie noch jugendlich sind, lieben es, Rauf- und Bewegungsspiele zu absolvieren. Dabei geben sie hohe Pfeiftöne in großer Fülle von sich, die bei etwa 50 Kilohertz liegen. Sie sind für den Menschen damit nicht unmittelbar wahrnehmbar, können aber mit Hilfe geeigneter Ultraschalldetektoren hörbar gemacht und aufgezeichnet werden. Bemerkenswerterweise geben die Ratten diese Laute auch von sich – und zwar weit mehr noch als beim Spiel –, wenn sie vom Menschen gekitzelt werden, am liebsten am ganzen Körper. Die Tiere suchen die Hand, die sie kitzelt, oder Orte, an denen sie gekitzelt worden sind, aktiv auf. Ferner lösen sie Aufgaben, zum Beispiel durch ein Labyrinth zu laufen, wenn sie anschließend mit Kitzeln belohnt werden. Die Tiere, die beim Kitzeln am meisten lachen, sind auch die Spielfreudigsten. Wie zu erwarten, wird das Lachen bei Gefahr, Furcht und Angst schlagartig eingestellt. Die Ratten lehren uns eindringlich, dass Lachen und Freude keine Alleinstellungsmerkmale des Menschen sind.

Der enge Zusammenhang von positiven Emotionen und

Spiel ist einer der Gründe, warum das Spielverhalten gegenwärtig im Fokus verhaltensbiologischer Forschung steht. Das renommierte britische Wissenschaftsjournal «Current Biology» widmete diesem Thema zu seinem 20-jährigem Bestehen sogar einen Sonderband mit dem Titel «The Biology of Fun». Tiere, die spielen, haben positive Emotionen; ihnen geht es offensichtlich gut. Deshalb werden Bedingungen, unter denen gespielt wird, als tiergerecht betrachtet. Nicht nur Hunde und Katzen spielen gern und ausgiebig, offenbar spielen alle Säugetiere. Auch viele Vogelarten spielen, und manche ihrer Vertreter, wie die neuseeländischen Bergpapageien – auch Keas genannt – sind echte Spielfanatiker. Häufig ist das Spielen auf die Jungtiere beschränkt, doch kann es auch, wie bei vielen Raubtieren, Affen, Walen und Papageien, bis ins Erwachsenenalter beibehalten werden. Letztlich wurde Spiel auch bei einigen Vertretern der Reptilien, Amphibien und Fische beschrieben. Selbst bei wirbellosen Tieren, bei Tintenfischen, Haubennetzspinnen oder Feldwespen, kommt es vor. Ob das Spielen wirbelloser Tiere ebenfalls mit positiven Emotionen verbunden ist, wird allerdings sehr kontrovers diskutiert.

Wie kann Spiel von anderen Verhaltensbereichen abgegrenzt werden? In der Verhaltensbiologie ist Spiel definiert als Verhalten ohne Ernstbezug. Es hat keine ersichtliche Funktion in dem Zusammenhang, in dem es auftritt. So sind Beutespiele oft auf ein Ersatzobjekt gerichtet: Die Katze spielt Fangen mit dem Wollknäuel. Bei Kampfspielen können Hunde oder Affen innerhalb kürzester Zeit mehrfach die Rollen wechseln: Mal ist der eine der Gewinner, mal der andere. So etwas kommt in ernsthaften Auseinandersetzungen niemals vor. Und nur im Spiel sind Verhaltensweisen aus völlig unterschiedlichen Bereichen wie dem Kampf- und Sexualverhalten harmonisch miteinander kombinierbar. Darüber hinaus wird das Verhalten im Spiel häufig in übertriebener Form ausgeführt. So wird das spielerische

Imponiergehabe bei vielen Tieren mit größerer Auslenkung der Extremitäten, höherer Geschwindigkeit und häufigeren Wiederholungen aufgeführt als im Ernstfall. Spiel tritt spontan auf, es scheint nahezu unermüdlich, und Tiere suchen immer wieder solche Situationen auf, in denen gespielt werden kann. Neurobiologische Untersuchungen legen nahe, dass bei den Wirbeltieren durch das Spiel Belohnungszentren im Gehirn aktiviert werden, das Spiel damit selbstbelohnend ist und deshalb von sich aus kaum zum Ende kommt.

Spiel ist kein einheitliches Phänomen: Beim Sozialspiel wird mit Artgenossen gespielt, beim Objektspiel beschäftigen sich die Tiere mit Gegenständen, und beim Solitärspiel führen sie häufig skurrile Bewegungen aus: Ein spielendes Meerschweinchen rennt unvermittelt los, bleibt abrupt stehen, springt mit allen vieren in die Luft, dreht sich dabei, schlackert mit dem Kopf und landet wieder auf dem Boden. Diese Abfolge kann minutenlang wiederholt werden und wirkt ansteckend auf die anderen Tiere, sodass es zu regelrechten Hüpfanfällen kommt.

Spielverhalten ist mit einem hohen Energieaufwand und im natürlichen Lebensraum der Tiere häufig mit einer erhöhten Gefährdung verbunden: Spielende Tierkinder machen Raubfeinde auf sich aufmerksam, und ein Bewegungsspiel in felsiger Landschaft kann auch schon mal zum Sturz mit Knochenbrüchen führen. Dennoch nimmt das Spiel im Leben vieler Tiere einen breiten Raum ein. Deshalb muss es nach Darwin'scher Logik mit einem Nutzen für das Individuum verbunden sein. Das ist es in der Tat: Denn die Tiere lernen im Spiel. Dabei kann es um so unterschiedliche Aspekte wie das Einüben von Muskelfunktionen, die Verbesserung kognitiver Leistungen oder das Erproben sozialer Rollen gehen.

Spiel ist ein charakteristisches Merkmal vieler Tierkinder. Es tritt allerdings nicht in jeder beliebigen Situation auf. Die Tiere müssen relaxed sein, sich in einem entspannten Feld befinden, das sowohl Anregung als auch Sicherheit verspricht. Fehlt eine dieser beiden Komponenten, kommt es zu einer drastischen Abnahme des Spielverhaltens, oder es tritt gar nicht mehr auf. Ein zu geringes Maß an Anregung erleben viele Tiere in menschlicher Obhut, wenn ihre Ställe, Käfige oder Gehege zu klein und öde sind, keine räumliche Strukturierung bekommen haben und Beschäftigungsmöglichkeiten fehlen. Unter solchen Bedingungen spielen Tiere nicht, es kommt vielmehr häufig zum Auftreten von Verhaltensstörungen wie den oben angesprochenen Bewegungsstereotypien. Zu wenig Anregung kann auch daran liegen, dass ein oder mehrere Sozialpartner fehlen. Dies trifft insbesondere für Tiere zu, die in freier Natur in Gruppen leben. Wachsen die Jungtiere solcher Arten allein auf, ist das Spielverhalten deutlich reduziert. So führen junge Meerschweinchen, die einzeln gehalten werden, deutlich weniger Bewegungsspiele aus, als wenn sie zusammen mit anderen Artgenossen in großen Kolonien leben.

Voraussetzung fürs Spiel ist aber nicht nur eine anregende Umwelt; es ist auch nötig, dass die Grundbedürfnisse gedeckt sind. So wurde bei einer ostafrikanischen Meerkatzenart beobachtet, dass die Affenkinder in ihrem natürlichen Lebensraum normalerweise ausgelassen und oft spielen. In Zeiten von Dürre wird aber kaum gespielt, weil die Tiere fast die gesamte Zeit und Energie auf die Nahrungssuche verwenden müssen. Auch unter widrigen Wetterbedingungen, wenn Gefahr durch Fressfeinde droht oder die sozialen Spannungen innerhalb der Gruppe so hoch sind, dass es zu eskalierten Auseinandersetzungen zwischen den Erwachsenen kommt, spielen Tierkinder nicht. Leben sie jedoch in einer Umwelt, die Sicherheit und Anregung bietet, dann werden sie unermüdlich – je nach Tierart – mit Bewegungs-, Objekt- oder Sozialspielen beschäftigt sein.

Umwelt und Wohlergehen

Wie sehr die Beschaffenheit der Umwelt das spontane Verhalten und damit das Wohlergehen der Tiere beeinflusst, wurde in zahlreichen Studien an landwirtschaftlichen Nutz-, Zoo-, Labor- und Haustieren untersucht. Als allgemeine Regel zeigte sich: Tiere, die in einer reich strukturieren, abwechslungsreichen Umwelt aufwachsen, unterscheiden sich deutlich von Artgenossen, die in einer öden, kaum oder gar nicht strukturierten Umgebung leben. Sehr gut dokumentiert sind beispielsweise die dramatischen Effekte, die eine Umweltanreicherung auf das spontane Verhalten von Labormäusen hat.

Labormäuse sind ein weitverbreitetes Modellsystem der biomedizinischen Forschung. Millionen dieser Tiere werden jährlich untersucht, um die Grundlagen von Krebs-, Herz-Kreislauf- oder Demenzerkrankungen zu verstehen.

Den überwiegenden Teil ihres Lebens verbringen die Mäuse allerdings nicht im Versuch, sondern in der Regel zusammen mit weiteren Artgenossen in kleinen, rechteckigen Kunststoffkäfigen. Diese haben eine Höhe von etwa 15 Zentimetern und sind nach oben hin mit einem Gitterdeckel verschlossen, der eine Einbuchtung für Trockenfutter und eine Wasserflasche enthält, sodass die Tiere nach Belieben fressen und trinken können. Die circa 900 Quadratzentimeter große Grundfläche wird mit einer dünnen Schicht aus Streu ausgelegt. Vor etwa zwei Jahrzehnten kam erstmals Kritik auf, dass dies nicht wirklich eine tiergerechte Haltung für die Mäuse sein könne. Es wurde deshalb vorgeschlagen, die Käfige strukturell anzureichern. Dazu wurden ein Klettergestell aus Holz sowie ein Plastikeinsatz mit Öffnungen an den Seiten und der Decke, durch die die Tiere klettern konnten, in jeden Käfig eingebracht. Tatsächlich zeigt eine Reihe von Studien: Mäuse aus den angereicherten

Käfigen sind deutlich aktiver, neugieriger und weniger ängstlich als ihre Artgenossen aus der Standardhaltung. Darüber hinaus schnitten sie in Lerntests wesentlich besser ab, in denen ein Weg durch ein Labyrinth gefunden werden musste, um an eine Belohnung zu kommen.

Wie diese Ergebnisse zeigen, hat die strukturelle Anreicherung der Standardkäfige durchaus positive Auswirkungen auf die Mäuse. Dennoch kann kritisiert werden, dass es sich immer noch nicht um ein optimales Haltungssystem handelt. Wir stellten uns deshalb die Aufgabe, eine Umwelt zu gestalten, in der wir leben möchten, wenn wir Mäuse wären. Das Resultat war die sogenannte superangereicherte Haltung, die es bis auf die Titelseite einer renommierten amerikanischen Fachzeitschrift schaffte. Wir bauten ein Glasterrarium mit 4000 Quadratzentimeter Grundfläche und 35 Zentimeter Höhe. Der Boden war mit Streu ausgelegt, und Papiertücher standen für den Nestbau zur Verfügung. Der gesamte Raum war mit unterschiedlichsten Gegenständen reich strukturiert: eine Kunststoffbehausung, Klettergestelle, Seile, die von der Decke herabhingen, eine zweite Ebene, die über Treppen erreicht werden konnte. In mehreren hundert Stunden beobachteten und protokollierten wir dann das Verhalten von weiblichen Mäusen, die jeweils in Gruppen von vier Tieren entweder in der Standard-, der angereicherten oder der superangereicherten Haltung lebten.

Erstaunlicherweise unterschied sich das spontane Verhalten von Tieren in der Standard- und angereicherten Haltung kaum. Es bestanden aber deutliche Unterschiede zwischen Mäusen aus diesen beiden Haltungsformen und Artgenossen, die in der superangereicherten Haltung lebten.

In der Standard- und angereicherten Haltung zeigten die Tiere häufig Bewegungsstereotypien: Sie scharrten mit den Vorderpfoten wiederholt und in immer gleicher Form an den Wänden. Die typischen Bewegungsspiele der Mäuse, bei denen sie urplötzlich losrennen und weite Sprünge vollführen, kamen nur selten vor. Boxen eines Artgenossen als Ausdruck aggressiven Verhaltens war relativ häufig, während soziopositives Verhalten nur selten auftrat.

Im Gegensatz dazu sahen wir bei den Mäusen aus der superangereicherten Haltung das genau entgegengesetzte Verhaltensprofil: Sie spielten viel, zeigten kaum Stereotypien; sie waren häufig nett miteinander und nur selten aggressiv. Obwohl alle Tiere das gleiche Geschlecht, Alter und Erbgut hatten, obwohl sie in gleicher Zahl in den Gehegen lebten, führte die superangereicherte Haltungsumwelt zu einem völlig veränderten Verhalten und einem deutlich verbesserten Wohlergehen.

Wie zahlreiche neurowissenschaftliche Untersuchungen belegen, können die positiven Auswirkungen einer angereicherten Umwelt auch auf der Ebene des Gehirns dokumentiert werden. So lässt sich bei Tieren, die in einer reich strukturierten Umwelt aufwachsen, im Vergleich zu Artgenossen, die aus öden, reizarmen Lebenswelten stammen, eine größere Hirnrinde, eine stärkere Verzweigung von Nervenzellen und eine höhere Anzahl an Verbindungen zwischen Nervenzellen feststellen. Bei Mäusen, die eine Veranlagung für Merkmale der Alzheimer-Erkrankung haben, erweist sich eine angereicherte Umwelt sogar als effektiver Schutz: Leben die Tiere in einer angereicherten Umwelt, so bilden sich Eiweißablagerungen im Gehirn, die für diese Erkrankung bei Mensch und Tier typisch sind, in einem wesentlich geringeren Maß aus als bei Tieren aus der Standardhaltung. Gleichzeitig kommt es zu einer deutlich stärkeren Neubildung von Nervenzellen. Eine Umwelt, die einen aktiven und abwechslungsreichen Lebensstil fördert, scheint somit für Mensch und Tier gleichermaßen segensreich zu sein.

Die Tiere selbst befragen

Wie wir bisher gesehen haben, können wir Tiere beobachten und aus dem Verhalten wie Bewegungsstereotypien oder Spielaktivitäten schließen, wie es ihnen geht. Wir können auch Hormonkonzentrationen bestimmen, die uns sagen, wie gestresst die Tiere sind. Darüber hinaus können wir sie selbst fragen, was ihnen wichtig ist, was sie mögen und was sie nicht mögen. Hierum soll es im Folgenden gehen, denn die Antworten, die die Tiere uns auf diese Fragen geben, sind essenziell, um die Welt aus ihrer Sicht zu verstehen.

Noch vor wenigen Jahren war die Gemeinschaftshaltung von Hausmeerschweinchen und Zwergkaninchen weit verbreitet. Viele Zoofachgeschäfte rieten ihren Kunden beim Kauf eines Meerschweinchens sogar, ein Zwergkaninchen dazuzunehmen, damit das Meerschweinchen nicht allein ist. Bei Zwergkaninchen und Meerschweinchen handelt es sich allerdings um zwei relativ weit voneinander entfernte Arten, deren wilde Vorfahren zudem in ganz unterschiedlichen Lebensräumen vorkommen. Es stellte sich damit die berechtigte Frage, ob die gemeinsame Haltung dieser beiden Arten tatsächlich tiergerecht ist. Wir bauten deshalb eine Apparatur mit mehreren Abteilen, in der ein Meerschweinchen selbst wählen konnte, ob es lieber allein in einem Abteil leben wollte, zusammen mit einem Zwergkaninchen oder zusammen mit einem anderen Meerschweinchen. Die Wahl der getesteten Meerschweinchen fiel recht eindeutig aus: Sie wollten weder allein noch zusammen mit einem Zwergkaninchen sein, sondern bevorzugten eindeutig das Zusammenleben mit einem Artgenossen.

Die Beobachtung des spontanen Verhaltens zeigte auch, warum das so ist: Zum einen haben Meerschweinchen und Zwergkaninchen einen unterschiedlichen Aktivitätsrhythmus. Also wird das Meerschweinchen immer wieder vom Zwergkaninchen beim Ruhen und Schlafen gestört. Zum anderen sprechen die beiden Arten eine unterschiedliche Sprache. So gibt es beim Zwergkaninchen eine Verhaltensweise, das Ducken, bei dem sich das Tier langsam auf sein Gegenüber zubewegt, Oberkörper und Kopf senkt, die Ohren nach hinten anlegt und seinen Kopf unter die Brust oder den Kopf des anderen schiebt. Dieses Verhalten ist positiv gemeint, und Artgenossen reagieren darauf mit sozialer Fellpflege, Nasenreiben oder Beschnuppern. Im Gegensatz dazu versteht das Meerschweinchen diese Bewegung als feindseligen Akt und antwortet fast immer mit Abwehr. Die Ergebnisse dieser Untersuchung zeigen eindeutig: Meerschweinchen sollten weder allein noch mit einem Zwergkaninchen gehalten werden. Tiergerecht ist allein das Zusammenleben mit einem Artgenossen.

Solche Präferenztests, in denen die Tiere die freie Wahl zwischen verschiedenen Alternativen haben, wurden mit den unterschiedlichsten Tieren durchgeführt. Wird Mäusen beispielsweise die Wahl zwischen einer strukturell angereicherten und einer nicht angereicherten Haltung gegeben, so wählen sie eindeutig die Erstere, und zwar auch dann, wenn sie zuvor in einem nicht strukturierten Käfig gelebt hatten. Mit Hilfe von Präferenztests wurde auch ermittelt, welchen Bodenbelag Hühner und Ferkel bevorzugen und welche Liegematten Rinder haben möchten, welche Temperatur Schweine in ihren Ställen lieben und mit welchem Partner sich Schafe am liebsten paaren. Die Ergebnisse solcher Tests sollten zukünftig wesentlich häufiger in die Entwicklung und Konstruktion tiergerechter Haltungssysteme eingehen.

Präferenztests sagen tatsächlich viel darüber aus, wie Tiere die Welt sehen. Sie geben jedoch keine Antwort darauf, wie relevant die getroffene Wahl für das jeweilige Tier ist. Wenn ein Hund in einem Präferenztest zwischen einem Knochen und

Futter aus der Dose wählen müsste, dann könnte es sein, dass er sich gegen das Dosenfutter entscheidet. Würde er aber leiden, wenn er es dennoch fressen müsste? Wie kann beurteilt werden, ob das, was ein Tier in einem Präferenztest wählt, eine Notwendigkeit oder ein Luxus ist? Um solche Fragen beantworten zu können, wurde nach methodischen Wegen gesucht, um die Wichtigkeit von Präferenzen zu ermitteln. Es wird von der Annahme ausgegangen: Je wichtiger das Erlangen eines bevorzugten Gutes für ein Tier ist, desto mehr wird es bereit sein, dafür zu «arbeiten», das heißt: Zeit und Energie aufzuwenden, Risiken auf sich zu nehmen und Hindernisse zu überwinden. Wie kann diese Überlegung in wissenschaftlichen Untersuchungen umgesetzt werden?

Den entscheidenden Durchbruch verdanken wir der britischen Biologin Marian Dawkins. Sie schlug vor, sich an einer Theorie aus den Wirtschaftswissenschaften zum Verbraucherverhalten des Menschen zu orientieren. Bei Personen mit einem festen, aber niedrigen Einkommen kann beispielsweise ermittelt werden, wie viel Brot und wie viel Sekt sie in einem bestimmten Zeitraum kaufen. Wenn nun alles teurer wird, zeigt sich: Unabhängig davon, wie hoch der Preis ist, wird das Grundnahrungsmittel Brot in gleicher Menge gekauft. Man sagt: Die Nachfrage für dieses Gut ist unelastisch; es handelt sich um eine Notwendigkeit. Ganz anders verhält es sich beim Sekt: Je höher der Preis, desto weniger wird gekauft. Entsprechend wird die Nachfrage als elastisch bezeichnet. Es handelt sich um einen Luxusartikel. Im Prinzip kann für jedes Gut der Zusammenhang zwischen dem Preis und der Menge, die gekauft beziehungsweise konsumiert wird, in sogenannten Nachfragekurven dargestellt werden. Aus deren Verlauf lässt sich dann erschließen – entsprechend den Definitionen, die Wirtschaftswissenschaftler für den Menschen erarbeitet haben –, ob es sich eher um Notwendiges oder um Luxus handelt.

Wie können nun Nachfragekurven für Tiere ermittelt werden? Eine Ratte kann beispielsweise lernen, dass sie für das Drücken eines Hebels ein Futterpellet erhält. Anschließend kann ermittelt werden, wie viel Futter sie sich im Laufe eines Tages per Hebeldrücken insgesamt beschafft und verzehrt. Nun wird das Verhältnis zwischen Hebeldrücken und Futterbelohnung kontinuierlich erhöht, sodass das Tier beispielsweise zwei-, fünf-, zehn- oder zwanzigmal den Hebel drücken muss, um ein einziges Futterpellet zu erhalten. Wiederum wird ermittelt, wie viel Futter sich das Tier unter diesen erschwerten Bedingungen im Laufe eines Tages beschafft und konsumiert. Was sich in solchen Untersuchungen regelmäßig zeigt: Ganz gleich, wie viel Aufwand die Tiere betreiben müssen, wie viel Zeit und Energie es bedarf, sie werden sich immer dieselbe Menge an Nahrung beschaffen.

In einem zweiten Schritt kann dann auf dieselbe Art und Weise ermittelt werden, wie viel Arbeit die Tiere zu leisten bereit sind, wenn es nicht um Futter, sondern um eine andere Ressource geht, beispielsweise den Zugang zu einem größeren Gehege. Für beide Ressourcen – den Futtererwerb und den Zugang zum größeren Gehege – können Nachfragekurven errechnet werden. Was in den Nachfragekurven beim Menschen der Preis ist, entspricht beim Tier der Zahl der Hebeldrücke, die erforderlich ist, um eine bestimmte Belohnung in Form von Nahrung oder Zugang zum größeren Gehege zu erhalten. Der Menge, die der Mensch kauft beziehungsweise verbraucht, entspricht die Anzahl an Belohnungen, die vom Tier selbst erarbeitet werden. Aus dem Verlauf der Verbraucherkurven kann dann geschlossen werden, nach welchen Gütern die Tiere einen elastischen oder einen unelastischen Bedarf haben. Der Charme dieser Methode liegt auch darin, dass sie genau dieselben Kriterien auf Tiere anwendet, die Ökonomen heranziehen, um zwischen Luxus und Notwendigkeit beim Menschen zu unterscheiden.

In den letzten Jahren sind in einer ganzen Reihe von Studien Nachfragekurven ermittelt worden. Wie zu erwarten, besteht für Futter immer ein unelastischer Bedarf. Einzeln gehaltene Schweine arbeiten aber für den Sozialkontakt mit einem Artgenossen fast genauso hart wie für den Zugang zu Futter, sodass auch hier von einer Notwendigkeit gesprochen werden muss. Auch der Bedarf an zusätzlichem Raum und einer angereicherten Umwelt bei Mäusen oder an Zugang zu Nestboxen bei Legehennen erweist sich als relativ unelastisch und bedeutet für die Tiere somit Notwendigkeiten. Wir können davon ausgehen, dass immer dann Haltungssysteme als tiergerecht angesehen werden können, wenn alles vorhanden ist, wofür ein unelastischer Bedarf besteht. Entsprechend leiden Tiere, wenn sie keinen Zugang zu diesen Situationen oder Dingen haben.

Präferenztests werfen allerdings ein Problem auf: Tiere wählen – genau wie der Mensch – kurzfristig nicht immer das, was langfristig für sie das Beste ist. Beispielsweise bevorzugen Ratten bei freier Wahl keineswegs eine ausgewogene Diät, sondern Süßigkeiten ohne Nährstoffe. Bei freier Wahl zwischen Alkohol und Wasser entscheidet sich ein großer Teil der Tiere, regelmäßig Alkohol zu trinken, was bei einigen Ratten zu einer Alkoholabhängigkeit führt. Nicht jede im Experiment ermittelte Präferenz ist also vorteilhaft. Deshalb bedürfen Präferenztests immer der Ergänzung durch andere Methoden, etwa der Beobachtung des spontanen Verhaltens und der Bestimmung physiologischer Parameter.

Optimisten und Pessimisten

Hormonmessungen können uns sagen, wie gestresst Tiere sind. Aus ihrem Verhalten können wir schließen, wie es ihnen geht, und mit Präferenztests können wir ermitteln, was ihnen wichtig ist. All diese Erkenntnisse helfen uns aber nicht, die Frage zu beantworten: Wie genau fühlen Tiere? Welche Emotionen haben sie? Um zu wissenschaftlich fundierten Antworten auf diese entscheidende Frage zu kommen, entwickelten der britische Verhaltensbiologe Michael Mendl und sein Team vor gut zehn Jahren eine brillante Idee, die zu einem wahren Boom in der Forschung zum Wohlergehen der Tiere führte.

Ausgangspunkt der Überlegungen war eine bei uns Menschen wohlbekannte Tatsache: Wie wir die Welt um uns herum beurteilen und bewerten, hängt ganz wesentlich davon ab, wie wir uns fühlen. Wenn beispielsweise glückliche Menschen gefragt werden, was denn wohl die Zukunft bringt, so geben sie in aller Regel optimistische Antworten: Alles wird gut! Im Gegensatz dazu reagieren unglückliche, ängstliche oder depressive Personen auf dieselbe Frage eher pessimistisch, sie befürchten negative Ereignisse: Unfälle, Arbeitslosigkeit, Vereinsamung oder Krankheit. Mehrdeutige Situationen werden ebenfalls ganz unterschiedlich bewertet, je nachdem, in welcher Gefühlslage sich die Person befindet. Sinnbild hierfür ist das berühmte Glas Wasser: für Optimisten ist es halb voll, für Pessimisten halb leer. Generell bestätigt eine Vielzahl von wissenschaftlichen Untersuchungen: Emotionen beeinflussen das Denken des Menschen im weitesten Sinne. Die Psychologie spricht in diesem Zusammenhang von kognitiven Verzerrungen.

Michael Mendl und sein Team sagten sich: Wir können Emotionen bei Tieren zwar nicht direkt messen; es sollte aber wie beim Menschen möglich sein, kognitive Verzerrungen zu bestimmen und daraus auf ihre Emotionen rückzuschließen. In einem bahnbrechenden Versuch mit Ratten zeigten sie dann, dass Tiere tatsächlich gefragt werden können, ob das Glas halb voll oder halb leer ist, ob sie eher Optimisten oder Pessimisten sind. Und so gingen die Wissenschaftler vor: In einem ersten

Schritt wurden die Tiere darauf trainiert, zwischen zwei Tönen zu unterscheiden. Wenn der eine Ton ertönte, konnten sie einen Hebel drücken und wurden dafür mit Futter belohnt. Dieser Ton kündigte also etwas Positives an. Erklang der andere Ton, so durften sie den Hebel nicht drücken. Taten sie es doch, so folgte ein negatives Ereignis: Es wurde ein Geräusch ausgelöst, das sie nicht mochten, und es gab auch keine Futterbelohnung. Nachdem die Ratten gelernt hatten, sicher zwischen den beiden Tönen und ihren Konsequenzen zu unterscheiden, wurde die eigentlich spannende Frage gestellt: Was passiert, wenn ein Ton eingespielt wird, der exakt zwischen den beiden Tönen liegt, die die Tiere bisher kennengelernt hatten? Würden sie den Hebel drücken, das heißt, so reagieren, als ob sie etwas Positives erwarten? Oder würden sie den Hebel nicht drücken und so zeigen, dass sie mit diesem Ton etwas Negatives verbinden?

Interessanterweise erwiesen sich Ratten, die aus schlechten Haltungsbedingungen kamen und negative Erfahrungen gemacht hatten – mehrfacher Wechsel des vertrauten Käfigs, feuchte Einstreu, unregelmäßiger Licht-Dunkel-Wechsel –, deutlich pessimistischer als Artgenossen, die in einer vertrauten Umwelt lebten, in der sie alles kannten und vorhersehen konnten. Konkret hieß das: Sie brauchten länger, um den Hebel zu drücken, und sie drückten ihn deutlich seltener als die Tiere aus der besseren Haltung. Sie interpretierten denselben Ton also deutlich negativer als ihre Artgenossen. Die schlechten Erfahrungen zuvor hatten also eine kognitive Verzerrung hervorgerufen, die zu einer pessimistischeren Einstellung der Tiere führte und auf einen negativeren emotionalen Zustand rückschließen ließ.

Im Prinzip geht es bei dieser Methode also darum: Tiere lernen, zwischen zwei Reizen zu unterscheiden, wobei der eine mit etwas Positivem, der andere mit etwas Negativem verbunden ist. Die entscheidende Frage ist anschließend: Wie wird das Tier reagieren, wenn ein ambiger, das heißt uneindeutiger Reiz präsentiert wird, der sich genau zwischen den ursprünglich gelernten Reizen befindet? Wird es sich eher als Optimist oder eher als Pessimist erweisen? In dem Beispiel mit den Ratten wurden Töne als Reize eingesetzt. Es können aber auch optische Signale eingesetzt werden. So verwendet meine frühere Mitarbeiterin und jetzige Kollegin Helene Richter für ihre «Optimismusforschung» vollautomatisierte Mäusekäfige mit eingebautem Bildschirm. Eine zugehörige Software kann so programmiert werden, dass am oberen oder unteren Bildschirmrand ein Balken sichtbar wird. Wenn der Balken oben erscheint, muss die Maus den Bildschirm auf der linken Seite berühren, um eine Futterbelohnung zu erhalten. Erscheint der Balken hingegen am unteren Bildschirmrand, so muss sie den Bildschirm auf der rechten Seite berühren, um eine unangenehme Situation, wie ein lautes Geräusch, zu vermeiden. Wenn die Maus diese Zusammenhänge gelernt hat, kommt wieder die entscheidende Frage: Wie wird sie sich verhalten, wenn ein Balken genau in der Mitte des Bildschirms erscheint? Wird sie mit diesem mittleren, ambigen Reiz eine Belohnung oder eine Bestrafung verbinden? Wird sie rechts tatschen, weil sie Futter erwartet? Oder wird sie den Bildschirm auf der linken Seite berühren, weil sie mit einem lauten Geräusch rechnet? Analog zu ängstlichen, traurigen oder depressiven Menschen, die das halb gefüllte Glas als halb leer bezeichnen, weist eine pessimistische Bewertung bei der Maus – sie tatscht auf der linken Seite, weil sie etwas Negatives erwartet – auf eine negative Grundstimmung hin. Tatscht die Maus den Bildschirm rechts, so bewertet sie exakt dieselbe Situation optimistisch, was auf eine positive Grundstimmung hinweist.

Mittels solcher Untersuchungen zu kognitiven Verzerrungen können Tiere befragt werden, welche Erfahrungen und Haltungsbedingungen ihre Sicht auf die Welt beeinflussen. Faktoren, die zu einer eher optimistischen Sicht beitragen, dürften dabei mit positiven Emotionen verbunden sein und zu einer wesentlichen Steigerung der Lebensqualität beitragen. Die bisherigen Untersuchungen wurden vor allem mit Säugetieren und Vögeln gemacht. So fördert eine Umweltanreicherung bei Rhesusaffen, Schweinen und Staren den Optimismus, während das Alleingelassenwerden bei Hunden zu mehr Pessimismus führt. Stare mit Bewegungsstereotypien sind pessimistischer als Artgenossen ohne solche Verhaltensstörungen. Letztlich wundert es nicht, dass die Markierung mit einem Brandeisen Kühe kurzfristig zu Pessimisten macht.

Emotionen

Die Emotionen der Tiere sind eines der aktuellsten und spannendsten, aber auch schwierigsten Themen der Verhaltensbiologie. Mittlerweile dürften die meisten Verhaltensforscherinnen und Verhaltensforscher zustimmen, dass Tiere, und zwar insbesondere Wirbeltiere, Emotionen haben, die mit naturwissenschaftlichen Methoden erforscht werden können. Ein wesentlicher Grund hierfür: Der Teil des Gehirns, der beim Menschen für die Erzeugung von Emotionen verantwortlich ist – das limbische System –, ist eine sehr alte Struktur, die bereits bei unseren nichtmenschlichen Vorfahren vorhanden war und sich auch bei allen Säugetieren, ja im Prinzip bei allen Wirbeltieren wiederfindet. Um basale Emotionen hervorzurufen, werden bei Mensch und Tier die gleichen Nervenbahnen aktiviert; es sind die gleichen Botenstoffe, mit denen die Nervenzellen untereinander kommunizieren, und es sind die gleichen Gene, die an- oder abgeschaltet werden, um emotionale Zustände zu regulieren.

Diese verblüffende Übereinstimmung bis in kleinste Details lässt sich vor allem anhand der beiden bestuntersuchten Emotionen zeigen: Furcht und Angst. Im Falle einer konkreten Bedrohung, wenn beispielsweise ein Mensch oder Affe plötzlich eine Schlange erblickt oder wenn eine Maus oder Ratte auf eine Katze trifft, wird eine Kaskade von Reaktionen ausgelöst, die sich in nichts zwischen den verschiedenen Arten unterscheidet: Das Herz beginnt zu rasen, die Atmung wird tiefer, Stresshormone werden ausgeschüttet, alle Aufmerksamkeit wird auf die Gefahr gerichtet, und die Gesichtsmuskeln formen ein typisches Furchtgesicht. Auf der Ebene des Gehirns werden bei allen dieselben Areale aktiviert, so die Amygdala, und selbst auf einer mikroskopischen Ebene, die die Neuronen, Synapsen, Botenstoffe und Gene umfasst, laufen dieselben Vorgänge ab. Bei so viel Gemeinsamkeit erscheint es nur logisch anzunehmen, dass Mensch und Tier in solch bedrohlichen Situationen auch dieselbe Emotion empfinden: nämlich Furcht!

Dafür spricht auch die Wirkung bestimmter Medikamente, die die Angstschaltkreise im Gehirn von Menschen und Tieren auf die gleiche Art und Weise beeinflussen und zu vergleichbaren Veränderungen im Verhalten führen. Menschen, die Anxiolytika einnehmen, das heißt angstlösende Substanzen, werden risikobereiter und mutiger. Werden die Medikamente Mäusen und Ratten verabreicht, wagen sich die Tiere auf offene, ungeschützte, helle Flächen, die sie sonst vermeiden. Angstfördernde Substanzen führen dazu, dass sie sich an geschützte Orte zurückziehen; sie wirken auch beim Menschen. Die Ähnlichkeit, die diese Psychopharmaka auf die Gehirnaktivität und das Verhalten von Mensch und Tier haben, lässt vermuten, dass beide auch die Emotion Angst selbst sehr ähnlich empfinden.

Furcht und Angst sind nur einige der Emotionen, die wir beim Menschen kennen. Freude, Trauer, Ekel, Ärger, Frustration, Eifersucht, Scham, Stolz oder Bedauern sind weitere der vielen Gefühlslagen, die jeder von uns kennt. Eine häufig und sehr kontrovers diskutierte Frage ist, ob jede der beim Menschen bekannten Emotionen auch eine Entsprechung bei den nichtmenschlichen Säugetieren hat. Wie wir gesehen haben, kann bei Furcht und Angst auf vergleichbare Nervenschaltkreise verwiesen werden. Wie das Gehirn die meisten anderen Emotionen hervorbringt, ist aber kaum bekannt.

Um dennoch Aussagen über diese Emotionen machen zu können, werden Tiere in Situationen beobachtet, in denen wir beim Menschen sehr genau wissen, welches Verhalten und welche Emotionen auftreten. Wenn die Tiere ein vergleichbares Verhalten zeigen, wird in der Regel daraus geschlossen, dass sie auch die gleichen Emotionen haben. So tritt Frustration beim Menschen immer dann auf, wenn etwas Positives, das wir erwarten, nicht eintritt. Die Folge ist häufig Aggression. Ganz ähnliche Zusammenhänge konnten für verschiedene Tierarten gezeigt werden: Tauben, Ratten oder Totenkopfaffen können beispielsweise lernen: Immer dann, wenn eine Lampe aufleuchtet, muss ein Hebel gedrückt werden. Anschließend wird dieses Verhalten mit einer Futtergabe belohnt. Bleibt die Belohnung nach dem Drücken des Hebels allerdings aus, so werden die Tiere aller drei Arten hoch aggressiv, und zwar gegenüber allem, was gerade in der Nähe ist, sei es die Käfigwand, der Futternapf oder ein Artgenosse. Frustration scheint also genau wie Furcht, Angst oder Freude eine Emotion zu sein, die Tiere sehr ähnlich empfinden könnten wie wir.

Oder Eifersucht: Wenn eine Person, die man liebt, sich plötzlich mehr für jemand anderes interessiert, wird die eifersüchtige Person versuchen, die Beziehung zu der anderen Person zu unterbinden und die Aufmerksamkeit wieder ganz auf sich zu lenken. Interessanterweise wurde genau dieses Verhaltensmuster auch in einer Untersuchung an Hunden beobachtet: Die Besitzer ignorierten auf Anweisung der Versuchsleiterinnen ihren Hund und spielten stattdessen mit einer realistisch aussehenden Hundeattrappe, die auf Knopfdruck bellen, wimmern und mit dem Schwanz wedeln konnte. Die Hunde reagierten prompt: Sie drängten sich zwischen ihren Besitzer und die Attrappe, versuchten die Aufmerksamkeit auf sich zu lenken, waren aggressiv gegenüber dem Hundeimitat oder wimmerten. Das geschah nicht oder stark abgeschwächt, wenn Herrchen oder Frauchen mit einem Halloween-Kürbis spielten oder laut aus einem Buch vorlasen. Solche Ergebnisse sprechen tatsächlich dafür, dass Eifersucht bereits bei unseren nichtmenschlichen Verwandten vorkommt.

Allerdings haben solche Forschungsansätze auch Grenzen. Denn nicht alles, was bei Mensch und Tier gleich aussieht, ist auch gleich. Und Gleiches kann sich bei verschiedenen Arten auf völlig unterschiedliche Weise ausdrücken. Ein Schimpanse, der einen Gesichtsausdruck ähnlich dem menschlichen Lächeln zeigt, ist keineswegs erfreut; vielmehr ängstigt ihn die aktuelle Situation. Den Delfinen, die permanent zu lächeln scheinen, geht es durchaus nicht immer nur gut. Wenn ein Wolf ängstlich ist, so sehen wir es in seinem Gesicht. Ein Bär schaut uns hingegen immer auf die gleiche Weise an, was aber nicht heißt, dass Bären keine Angst empfinden könnten oder weniger emotional sind. Sie besitzen nur nicht die notwendigen Nerven- und Muskelzellen für einen mimischen Ausdruck. Das heißt: Wenn wir ausschließlich auf Ähnlichkeiten im Verhalten von Mensch und Tier schauen und daraus auf die Emotionen der Tiere rückschließen, können wir leicht Fehleinschätzungen unterliegen. Wir laufen dann Gefahr, Tieren, die uns ähnlicher sind, wie die Affen, oder zu Mimik fähig sind, wie der Hund, mehr und ähnlichere Emotionen zuzuschreiben als Tieren wie Fledermäusen oder Maulwürfen.

Es gibt noch ein weiteres Argument, das zur Vorsicht mahnt: Emotionen sind wie alle anderen Merkmale des Menschen und der Tiere auch durch das Wirken der natürlichen Selektion entstanden. Emotionen helfen den Tieren, sich an ihre Umwelt anzupassen, zu überleben und sich fortzupflanzen. Wir Menschen bewerten zwar Emotionen wie Furcht oder Angst häufig als negativ. Allerdings ist leicht zu verstehen, warum sie sich im Laufe der Evolution entwickelten: Tiere, die in einer gefährlichen Umwelt furchtsam und ängstlich waren, haben besser überlebt und damit auch Kopien ihrer Gene mit höherer Effizienz in die nächste Generation weitergegeben als Artgenossen, die über diese Emotionen nicht verfügen.

Es könnte somit universelle Emotionen wie Furcht, Angst oder Freude geben, die uns Menschen und den nichtmenschlichen Säugetieren in ganz ähnlicher Weise zu eigen sind. Säugetiere haben aber ganz unterschiedliche Lebensräume erschlossen: Wale beispielsweise das Meer, Flughunde den Luftraum, Eisbären die Polarregion oder Löwen die Savanne. Wenn Emotionen dazu beitragen, sich besser an die jeweiligen Lebensräume anzupassen, dann ist es gut vorstellbar, dass bei den verschiedenen Arten in den unterschiedlichen Habitaten auch unterschiedliche Emotionen entstanden sind. Das heißt: Alle Säugetiere einschließlich des Menschen hätten zwar ein Set an gemeinsamen Emotionen, daneben könnte es aber sehr wohl Emotionen beim Menschen geben, die der Wal oder der Elefant nicht kennt. Ebenso könnten Fledermäuse oder Katzen Emotionen haben, von denen wir Menschen uns keine Vorstellung machen.

Viele Verhaltensforscherinnen und Verhaltensforscher halten es deshalb für nicht zielführend, immer nur nach Entsprechungen zu fragen: Welche Emotionen gibt es beim Menschen, und gibt es die bei Tieren auch? Analogieschlüsse allein können uns nicht sicher sagen, ob Tiere beispielsweise etwas bedauern oder Scham empfinden wie der Mensch. Vielmehr plädieren sie dafür, sich bei der Diagnose von tierlichen Emotionen vor allem darauf zu konzentrieren: Handelt es sich um positive oder negative emotionale Zustände, und wie stark oder schwach sind diese Zustände ausgeprägt? Tatsächlich ist dies mit den heute zur Verfügung stehenden Methoden möglich geworden, und so verstehen wir immer besser, unter welchen Bedingungen es bei der jeweiligen Tierart zu positiven und unter welchen Bedingungen es zu negativen Emotionen kommt.

Vom artgemäßen und tiergerechten Leben der Tiere

In den letzten Jahren hat es kaum eine öffentliche Debatte über das Tierwohl gegeben, in der nicht an zentraler Stelle die Begriffe «tiergerecht» und «artgerecht» aufgetaucht wären. Und kaum jemand würde widersprechen, dass wir Menschen uns den Tieren so gegenüber verhalten sollten, dass ihr Leben artgemäß und tiergerecht ist. Aber was genau ist hierunter zu verstehen? Um diese Frage zu beantworten, müssen wir klar zwischen den beiden Begriffen unterscheiden und auch deutlich zwischen Wild- und Haustieren differenzieren.

Aus verhaltensbiologischer Sicht ist all das «artgerecht» beziehungsweise «artgemäß», was durch das Wirken der natürlichen Selektion entstanden ist und den Tieren hilft, sich an ihren Lebensraum anzupassen und ihren Fortpflanzungserfolg zu maximieren. So ist es artgemäß, dass Murmeltiere Winterschlaf halten, Eichhörnchen Vorräte für den Winter sammeln oder Paradiesvögel ihre Partnerinnen durch eine komplexe Balz becircen. Wie wir im siebten Kapitel sehen werden, ist es aber auch artgemäß, wenn ein Rivale den anderen in Kämpfen verletzt oder Männchen nach der Rudelübernahme die Jungtiere des Vorgängers töten. Artgerecht ist letztlich alles, was im natürlichen Habitat vorkommt und der Fitnessmaximierung dient, unabhängig davon, wie wir es unter ethisch-moralischen Gesichtspunkten bewerten würden, wenn die Akteure nicht Tiere, sondern Menschen wären.

Das Leben von Wildtieren in ihrem natürlichen Lebensraum ist artgerecht. Was in der öffentlichen Diskussion allerdings häufig übersehen wird: Dieses artgerechte Leben ist in der Regel mit erheblichen Belastungen und immensen Gefährdungen verbunden. Das ist auch gar nicht anders zu erwarten. Denn bei jeder Tierart werden in jeder Generation weit mehr Individuen geboren, als zum Aufbau der Folgegeneration benötigt werden. Und deshalb kommt es zu starker Konkurrenz um überlebenswichtige Ressourcen und die Möglichkeit zur Fortpflanzung, was mit dem Tod vieler Tiere einhergeht. In der Tat zeigen zahlreiche Untersuchungen: Extreme Stressreaktionen, Verletzungen, Krankheiten und eine verkürzte Lebenszeit sind nicht die Ausnahme im natürlichen Habitat der Tiere, sondern kommen dort regelmäßig vor. Ein Leben «in Freiheit» ist artgerecht. Das bedeutet aber nicht, dass es den Tieren dort immer gutgeht. Denn die natürliche Selektion favorisiert nicht primär das Wohlergehen der Tiere, sondern die Maximierung ihrer Fitness über die Lebenszeit.

Entsprechend geht es mit Blick auf Wildtiere in ihrem natürlichen Lebensraum nicht primär um das Wohlergehen jedes einzelnen Tieres. Vielmehr steht der Schutz und Erhalt der ganzen Populationen im Vordergrund. Es geht darum, durch die Bewahrung des Lebensraumes sicherzustellen, dass stabile Populationen existieren, die sich selbst erhalten, ohne dass der Mensch eingreifen muss.

Bei Tieren in menschlicher Obhut sieht die Sache anders aus. Hier geht es um das Wohlergehen jedes einzelnen Individuums, für das wir als Menschen verantwortlich sind. In diesem Zusammenhang kann alles, was das Wohlergehen des Tieres fördert, als «tiergerecht» beziehungsweise «tiergemäß» bezeichnet werden. Während sich der Begriff «artgerecht» also primär auf natürliche Populationen einer Tierart in ihrem natürlichen Lebensraum bezieht, betrifft der Begriff «tiergerecht» vornehmlich individuelle Tiere in menschlicher Obhut.

Die allermeisten Tiere in menschlicher Obhut sind Haustiere. Ganz gleich, ob landwirtschaftliche Nutztiere wie Hühner, Schweine oder Kühe, Versuchstiere wie Mäuse oder Ratten, Freizeit-, Sport- und Therapietiere wie Pferde oder Heimtiere wie Hunde oder Katzen: Sie alle sind erst durch den Domestikationsprozess aus Wildtieren entstanden. Hierzu hat der Mensch über viele Generationen hinweg ehemalige Wildtiere auf bestimmte erwünschte Merkmale hin gezüchtet, zum Beispiel erhöhten Fleischertrag, verstärkte Milch- und Legeleistung oder besondere Wachsamkeit. So wurde aus dem Wolf der Hund, aus der Falbkatze die Hauskatze, aus dem Wildpferd das Hauspferd, aus dem Wildschwein das Hausschwein, aus dem Mufflon das Schaf und aus dem Gewöhnlichen Wildmeerschweinchen das Hausmeerschweinchen. Biologisch gesehen gehören die Haustiere und ihre jeweilige wilde Stammform noch immer zur selben Art, und tatsächlich führt die Paarung von Wolf und Hund oder Gewöhnlichem Wildmeerschweinchen und Hausmeerschweinchen zu fortpflanzungsfähigen Nachkommen.

Gleichzeitig kommt es durch den Domestikationsprozess aber immer zu Veränderungen im Aussehen, in der Physiologie und im Verhalten. Es entstehen typische Domestikationsmerkmale, in denen sich die Haustiere von ihren jeweiligen Stammformen unterscheiden. So sind Haustiere wesentlich variabler bezüglich Größe, Form und Farbe. Betrachtet man beispielsweise alle Wölfe dieser Erde, so unterscheiden sie sich durchaus in ihrem Aussehen. Diese Variabilität ist aber gering im Vergleich zu der zwischen einer Deutschen Dogge und einem Chihuahua. Darüber hinaus sind die Gehirne der Haustiere kleiner als bei ihren wilden Vorfahren, bei manchen Arten bis zu 30 Prozent.

Was das Verhalten betrifft, sind Haustiere in der Regel weniger aggressiv als Wildtiere und gehen netter miteinander um, weil der Mensch vor allem die Tiere weitergezüchtet hat, die friedfertig und somit gut handhabbar waren. Haustiere sind sexuell aktiver, weil normalerweise auf eine hohe Fortpflanzungsleistung hin selektiert wurde. Ferner geben sie deutlich mehr Laute von sich und sind wesentlich weniger aufmerksam gegenüber den Geschehnissen in ihrer Umwelt. Ein Wildtier mit diesen Eigenschaften würde in freier Natur wohl nicht lange überleben. Auf der physiologischen Ebene schließlich ist es zu einer drastischen Reduktion der Stressreaktionen gekommen. Entsprechend schütten Haustiere in vergleichbaren Situationen deutlich weniger Cortisol und Adrenalin als ihre wilden Vorfahren aus.

Wir gehen heute davon aus, dass die Veränderungen, die Haustiere im Laufe der Domestikation erfahren haben, sie nicht zu «Mängelwesen» macht. Vielmehr werden sie hierdurch erst in die Lage versetzt, sich an die vom Menschen geschaffenen Bedingungen anzupassen. Während die Wildtiere durch das Wirken der natürlichen Selektion optimal an die ökologische Nische ihrer Art angepasst sind, hat der Domestikationsprozess zu einer Anpassung der Haustiere an den Hausstand geführt. Deshalb ist es auch wesentlich einfacher, ein Haustier in menschlicher Obhut tiergerecht zu halten als ein Wildtier.

Andererseits würde das Wohlergehen der Haustiere deutlich beeinträchtigt, wenn sie unter den Bedingungen der ökologischen Nische ihrer Wildform leben müssten. Ein Hausmeerschweinchen, das sich plötzlich im natürlichen Lebensraum der Gewöhnlichen Wildmeerschweinchen in Südamerika wiederfände, hätte dort wohl keine Chance zu überleben. Ganz generell unterscheiden sich domestizierte Tiere so sehr von ihrer Wildform, dass deren artgemäße Lebensweise «in Freiheit» nicht mehr als Blaupause für ein tiergerechtes Leben der Haustiere dienen kann. Deshalb ist der Orientierungsrahmen für eine tiergerechte Haltung von Haustieren eher ein großzügiges, vom Menschen bereitgestelltes Haltungssystem als die ökologische Nische der wilden Stammform.

Fazit

Das Wohlergehen der Tiere ist ein zentrales Thema der modernen Verhaltensbiologie. Und es bedeutet nicht nur, frei von Krankheiten und körperlichen Schäden, sondern auch psychisch gesund zu sein. Ob dies der Fall ist, kann mit Hilfe verschiedener Methoden objektiv und reproduzierbar erfasst werden. So kann durch Hormonmessungen abgeschätzt werden, wie gestresst die Tiere sind. Aus der Beobachtung des spontanen Verhaltens lässt sich schließen, wie es ihnen geht. Spielverhalten ist ein Indikator für ausgezeichnetes Wohlergehen, Bewegungsstereotypien weisen auf Verhaltensstörungen hin. Darüber hinaus können Tiere in Präferenztests befragt werden, wie sie die Welt sehen: was sie mögen, was ihnen wichtig ist, was sie ablehnen. Letztlich kann mit Hilfe von Verfahren, die von der wechselseitigen Beeinflussung von Kognition und Emotion ausgehen, auf positive und negative Gefühlszustände bei den Tieren geschlossen werden. Der kombinierte Einsatz dieser Methoden erlaubt fundierte Aussagen über das Wohlergehen der Tiere und ermöglicht, jene Faktoren zu ermitteln, die eine tiergerechte Haltung einschließlich positiver Emotionen fördern.

Wildtiere sind durch das Wirken der natürlichen Selektion bestens an die ökologische Nische ihrer Art angepasst und führen in ihrem natürlichen Habitat ein artgerechtes Leben. Die allermeisten Tiere in menschlicher Obhut sind allerdings keine Wildtiere, sondern Haustiere, die durch den Domestikationsprozess aus Wildtieren entstanden. Dabei haben sie sich im Aussehen, in der Physiologie und im Verhalten verändert. Dies ermöglicht es den Haustieren, sich gut an die vom Menschen geschaffene Umwelt anzupassen. Allerdings stellt sich ein tiergerechtes Leben auch für sie nicht automatisch ein. Dafür muss ihnen der Mensch geeignete Bedingungen schaffen.

KAPITEL 4

WAS IST ANGEBOREN, WAS ERWORBEN?

Gene, Umwelt und Verhalten:
Neue Antworten auf eine alte Frage

Seit vielen Jahrzehnten beschäftigt eine verhaltensbiologische Frage Wissenschaft und Gesellschaft gleichermaßen: Wie viel im Verhalten ist angeboren, und wie viel wird im Laufe des Lebens erworben? Wie viel ist Instinkt und wie viel Lernen? Welche Rolle spielen die Gene, und was macht die Umwelt aus? Es wurde viel zu diesem Thema geforscht, und es wurde noch mehr spekuliert. In den letzten Jahren führten dann neue gentechnische Methoden zu einem wahren Schub in dieser Forschungsrichtung. Und so können heute völlig neue Antworten auf die alte Frage gegeben werden. Aber der Reihe nach.

Behavioristen und klassische Ethologen

In den Anfangszeiten der Verhaltensbiologie gab es zwei unterschiedliche Schulen: die europäischen klassischen Ethologen wie Lorenz oder Tinbergen und die nordamerikanischen Behavioristen wie Watson oder Skinner. Die Ethologen hatten eine umfassende biologische Ausbildung und untersuchten die unterschiedlichsten Arten quer durch das gesamte Tierreich, von der Graugans über den Stichling bis hin zur Grabwespe. Diese Forscher waren vor allem davon fasziniert, wie das Verhalten dieser Tiere aufgrund ihrer Instinkte auch ohne Lernen perfekt an die natürlichen Umweltbedingungen angepasst ist. So schlüpfen die Nachkommen der Grabwespe im Frühjahr; ihre Eltern sind jedoch schon im vorangegangenen Sommer gestorben. Die Weibchen paaren sich mit den Männchen und führen danach eine ganze Reihe komplizierter Verhaltensmuster aus; Ausgraben eines Nestloches, Bau von Zellen, Jagen und Töten von Beute wie Raupen, Deponierung der Beute in den Zellen für die Versorgung ihrer Nachkommen, Eiablage und schließlich Zudeckeln der Zellen. All dies muss innerhalb weniger Wochen getan werden, bevor die Wespen sterben. Die Tiere können diese komplexen Verhaltensweisen nicht von ihren Eltern gelernt haben, denn sie sind ihnen ja nie begegnet. Es ist auch recht unwahrscheinlich, dass sie diesen straffen Plan ausführen könnten, wenn sie all das durch Versuch und Irrtum lernen müssten. Die Ethologen schlussfolgerten, dass es sich um instinktives, das heißt angeborenes Verhalten handeln muss.

Anders als die europäischen Ethologen waren die Behavioristen ihrer Ausbildung nach Psychologen. Sie untersuchten das Verhalten der Tiere in erster Linie, um Erkenntnisse über den Menschen zu gewinnen und nicht unbedingt, um die Tiere besser zu verstehen. Vor allem waren sie an allgemeinen Gesetzmäßigkeiten des Lernens interessiert. Sie beschränkten ihre Untersuchungen auf einige wenige Tierarten und erforschten insbesondere Ratten und Tauben in Laborsituationen.

Die Behavioristen waren fasziniert davon, dass ihre Tiere die kompliziertesten Dinge lernen konnten, wenn sie nur in der richtigen Art und Weise belohnt oder bestraft wurden. So konnten sich die beiden Tauben Jack und Jill mit Hilfe von Symbolen «unterhalten», nachdem sie fünf Wochen lang täglich eine bis drei Stunden lang einzeln für diese Aufgabe trainiert worden waren. Wenn die beiden Tauben anschließend in benachbarte Käfige gesetzt wurden, pickte Jack in seinem Käfig gegen eine Taste, auf der «Welche Farbe?» geschrieben stand. Daraufhin schaute Jill in ihrem Käfig hinter einen Vorhang, um zu sehen, welche von drei Farben – Rot, Grün oder Gelb – aufleuchtete. Anschließend pickte sie auf diejenige der drei in Schwarzweiß beschrifteten Tasten, die die richtige Farbe benannte. Jack beobachtete währenddessen aus seinem Käfig den Vorgang; er konnte nicht sehen, welche Farbe sich hinter dem Vorhang befand, wohl aber, auf welche Taste Jill drückte. Nachdem er diese Information erhalten hatte, pickte er, für Jill gut sichtbar, auf eine Taste mit «Danke», woraufhin Jill mit Futter belohnt wurde. Anschließend pickte Jack gegen diejenige der drei farbigen Tasten in seinem Käfig, die Jill zuvor in ihrem Käfig symbolisch benannt hatte, und wurde dafür ebenfalls mit Futter belohnt. Durch den Gebrauch von erlernten Symbolen konnten die Tauben also Informationen über versteckte Farben an Artgenossen übermitteln, wodurch es zu einem andauernden «Gespräch» zwischen den beiden kam.

Klassische Ethologen und Behavioristen lieferten sich jahrzehntelang erbitterte Kämpfe um die Frage: Wie viel im Verhalten ist Instinkt, und wie viel ist Lernen? Die Extrempositionen lauteten jeweils: Nahezu alles! Die unterschiedlichen Forschungsausrichtungen machen diese konträren Sichtweisen verständlich. Allerdings kam es aus heutiger Sicht zu einer deutlichen Überbetonung des Instinktiven durch die klassischen Ethologen und zu einer Unterschätzung der angeborenen Anteile im Verhalten bei den Behavioristen.

So lassen sich Instinkte durch Lernen modifizieren. Beispielsweise haben erwachsene Silbermöwen einen roten Fleck auf ihrem gelben Schnabel. Dieses Signal ruft eine angeborene Pickreaktion der Küken hervor, sobald Eltern ins Nest kommen; der Nachwuchs wird gefüttert. Zeigt man unerfahrenen Küken eine Schnabelattrappe aus Pappe oder Holz mit Flecken unterschiedlicher Farbe, so bevorzugen sie instinktiv Rot und meiden Blau. Wenn jedoch die Reaktion auf Blau belohnt wird und die auf Rot nicht, dann ändert sich diese Vorliebe rasch.

Andererseits kann aber auch nur das gelernt werden, wofür eine angeborene Veranlagung existiert. Silbermöwen lernen ihre Nachkommen in den ersten Tagen nach dem Schlüpfen individuell kennen und verwechseln sie nicht mit dem Nachwuchs anderer Paare. Die nah verwandten Dreizehenmöwen hingegen können ihre eigenen Kinder auch nach vier Wochen nicht von denen anderer Artgenossen unterscheiden. Dies sollte allerdings nicht verwundern: Silbermöwen brüten am Boden in großen Kolonien, und die Nester der verschiedenen Paare befinden sich nur wenige Zentimeter voneinander entfernt. Die Küken laufen häufig in der Kolonie umher, und es liegt ein Selektionsdruck darauf, die eigenen Kinder von anderen unterscheiden zu können. Dreizehenmöwen aber brüten auf kleinsten Felsvorsprüngen, die nur Platz für ein einziges Nest mit zwei Jungen bieten. Aufgrund dieser ökologischen Bedingungen sind die Küken, die die Eltern hier vorfinden, automatisch die eigenen. Es besteht also keine Notwendigkeit, den Nachwuchs individuell zu kennen. Unterschiede im Lernvermögen der beiden Arten werden also durch ihre Lebensweise erklärbar. Durch das Wirken der natürlichen Selektion haben sich unterschiedliche Veranlagungen entwickelt, die die Möglichkeiten und Grenzen des Lernens bestimmen.

Im Laufe der Jahre näherten sich die beiden unterschiedlichen wissenschaftlichen Schulen an, und es setzte sich die Erkenntnis durch, dass komplexes Verhalten durch das Wechselspiel von Instinkt und Lernen zustande kommt. So wissen Iltisse instinktiv, wie sie eine Ratte jagen, umwerfen, packen und totschütteln müssen. Den charakteristischen gezielten Nackenbiss lernen sie allerdings erst durch Erfahrung. Junge Enten und Gänse wissen instinktiv, dass sie kurz nach dem Schlüpfen einem Objekt, das sich bewegt und Laute von sich gibt, während der nächsten Tage und Wochen folgen müssen. Wem gefolgt wird – der Mutter oder Konrad Lorenz –, muss allerdings gelernt werden. Erwachsene Meerschweinchenmännchen wissen angeborenermaßen, wie sie ein Weibchen umwerben und sich mit ihm paaren müssen. Welchen Weibchen des Sozialverbandes sie sich aber in sexueller Absicht nähern dürfen und welchen nicht, müssen sie erst lernen.

Ein besonders beeindruckendes Beispiel für die Verschränkung von Instinkt und Lernen liefern die Untersuchungen der US-amerikanischen Primatologen Dorothy Cheney und Robert Seyfarth über die Warnrufe einer afrikanischen Affenart. Südliche Grünmeerkatzen warnen Artgenossen nicht nur vor Fressfeinden, sie kommunizieren auch die Art des Feindes mit Hilfe angeborener Rufe. So weist ein bestimmter Warnlaut auf gefährliche Säugetiere, vor allem Leoparden, hin. Wenn Artgenossen diesen Leopardenruf hören, klettern sie sogleich auf den nächsten Baum. Wenn eine Meerkatze einen Adler sieht, warnt sie mit einem ganz anderen Laut. Als Reaktion schauen alle Herdenmitglieder nach oben oder verstecken sich unter Büschen. Ein dritter Laut warnt ausschließlich vor Schlangen. Dann suchen die Tiere den Boden ab. Interessanterweise lernen die Tiere erst im Laufe ihrer Verhaltensentwicklung, welcher Laut wann richtig eingesetzt und mit welcher Verhaltensreaktion beantwortet werden muss. Wenn ein erwachsenes Tier «Schlange», «Leopard» oder «Adler» ruft, reagieren alle Gruppenmitglieder unverzüglich mit dem richtigen Verhalten. Wenn ein Affenkind aber beispielsweise «Leopard» ruft, klettern die Erwachsenen nicht unverzüglich auf die Bäume, sondern schauen erst zu dessen Mutter und verhalten sich so, wie diese reagiert. Denn die Kinder machen am Anfang noch so manchen Fehler.

Auslösemechanismen bei Tier und Mensch

Wie wir im ersten Kapitel bereits gesehen hatten, entwickelten die klassischen Ethologen wichtige Auffassungen davon, wie bestimmte Verhaltensweisen ausgelöst werden. Sie stellten sich vor, dass Schlüsselreize in der Umwelt der Tiere sogenannte angeborene Auslösemechanismen aktivieren, die dann zur Ausführung von instinktivem Verhalten führen. Der Auslösemechanismus wurde quasi als ein Schloss betrachtet, in das ein Schlüsselreiz wie ein Schlüssel hineinpasst und bei Passung eine Verhaltensantwort freigibt. Welche Reize aus der Umwelt eines Tieres verhaltensauslösende Wirkung haben, konnte mit sogenannten Attrappenversuchen überprüft werden.

So ruft bei männlichen Stichlingen ein Artgenosse mit leuchtend rot gefärbter Bauchunterseite heftigste Aggression hervor. Auf einen schlicht grauen Artgenossen wird hingegen nicht feindselig reagiert. Ein vergleichbares Maß an Aggression kann aber auch durch ein ovales Stück Holz ausgelöst werden, wenn dessen Unterseite rot angemalt wurde. Es ist also nicht die Gesamterscheinung des Rivalen, auf die reagiert wird, sondern nur die rote Bauchunterseite. In ganz ähnlicher Weise wird das vehement aggressive Verhalten von Rotkehlchen ausgelöst, die ihr Revier verteidigen: Es ist nicht der Rivale im Ganzen, der die Aggression hervorruft, sondern ausschließlich sein rotes Brustgefieder. Auch auf rote Federbüschel an einem Zweig innerhalb des Reviers reagiert das Rotkehlchen mit heftigem Drohverhalten. Die Wirkung von Schlüsselreizen geht sogar so weit, dass Singvogeleltern nicht nur ihre Nachkommen füttern, wenn sie ihren Rachen aufsperren und ihre bunte Rachenzeichnung präsentieren, sondern auch Reagenzgläser im Nest, wenn Filterpapier mit der Rachenzeichnung ihrer Nachkommen darin eingesetzt wurde.

Wenn Tiere bei der ersten Begegnung mit solchen Schlüsselreizen auf die richtige Art und Weise reagieren, spricht tatsächlich vieles dafür, dass es sich um angeborene instinktive Reaktionen handelt, die im Erbgut aller Angehörigen dieser Art codiert sind und von Generation zu Generation weitervererbt werden. Allerdings kann die ursprüngliche Antwort auf einen Schlüsselreiz durch Lernen verändert werden – wie wir bereits bei der Pickreaktion von Silbermöwenküken auf den roten Schnabelfleck der Eltern gesehen haben. Bei dieser Art lässt sich sogar beobachten, dass die Antwort auf einen Schlüsselreiz gar in ihr Gegenteil verkehrt werden kann. Unterwasserexplosionen lösen bei diesen Tieren angeborenes Fluchtverhalten aus, wenn sie das erste Mal auftreten. Sie lernen aber schnell, dass nach dem Knall tote oder betäubte Fische an der Oberfläche treiben, die eine leichte Beute abgeben. Entsprechend fliegen sie bei späteren Gelegenheiten nicht vor dem Explosionslärm davon, sondern gezielt darauf zu.

Häufig wird die Frage gestellt, ob es auch beim Menschen angeborene Reaktionen auf Schlüsselreize gibt. In der Tat spricht vieles dafür. So finden nahezu alle Menschen in den unterschiedlichsten Kulturen Babys süß. Ihr Anblick ruft eine positive Gefühlstönung hervor; man möchte sich um sie kümmern. Wie kommt das? Konrad Lorenz vermutete, dass diese Reaktion angeboren ist und durch die Kombination von bestimmten Merkmalen hervorgerufen wird, die er als Kindchenschema bezeichnete: große Augen, eine hohe Stirn, ein kleiner Mund und eine kleine Nase sowie vorspringende Pausbacken. Wann immer eine Verknüpfung dieser Merkmale erscheint, sollten quasi reflexartig positive Emotionen entstehen, sollte es zu Zärtlichkeits- und Fürsorgereaktionen kommen. Aber stimmt das?

Vor einigen Jahren führte meine Doktorandin Melanie Glocker eingebunden in ein internationales Team aus Verhaltensbiologen und Neurowissenschaftlern eine bemerkenswerte

Studie durch, um diese Frage zu beantworten. In einem ersten Schritt wurden Fotos von 17 Babygesichtern ausgewählt. Mit Hilfe einer speziellen Software, wie sie auch Schönheitschirurgen verwenden, wurde dann jedes Bild so manipuliert, dass drei Versionen von Baby-Fotos entstanden: erstens die Normalansicht ohne Veränderung; zweitens Bilder mit verstärktem Kindchenschema, das heißt: runderem Gesicht, höherer Stirn, größeren Augen, kleinerer Nase und kleinerem Mund; drittens Bilder mit abgeschwächtem Kindchenschema, also: schmalerem Gesicht, niedrigerer Stirn, kleineren Augen und größerer Nase und Mund. In einem zweiten Schritt wurden dann 122 College-Studierenden in Philadelphia alle diese 51 Bilder in zufälliger Reihenfolge für jeweils vier Sekunden gezeigt. Sie sollten auf einer Skala von eins bis fünf angeben: «Wie niedlich ist das Kind?», und: «Wie sehr gibt dir das Kind das Gefühl, dass du dich gern um es kümmern möchtest?»

Die Ergebnisse der Studie waren eindeutig: Wurde das Kindchenschema verstärkt, so fanden die Studierenden die Fotos deutlich süßer, als wenn sie nicht manipuliert waren. Wurde das Kindchenschema abgeschwächt, so wurden die Babys als deutlich weniger niedlich bewertet. Dabei unterschieden sich die männlichen und weiblichen Studierenden in ihrer Einschätzung nicht. Die Antworten auf die Frage nach der Bereitschaft zu kümmern brachten ähnliche Ergebnisse: Wurden die unmanipulierten Fotos betrachtet, so äußerten männliche und weibliche Versuchspersonen einen ähnlich starken Wunsch, sich zu kümmern. Eine geringere Ausprägung des Kindchenschemas traf bei beiden Geschlechtern auf ein vermindertes Interesse. Eine stärkere Betonung hatte den gegenteiligen Effekt – allerdings nur bei den Frauen.

Insgesamt unterstützten diese Ergebnisse auf beeindruckende Weise, was Konrad Lorenz fast 70 Jahre zuvor postuliert hatte. Aber auf welche Art und Weise löst das Kindchenschema eine positive Gefühlstönung, ja Glücksgefühle bei uns Menschen aus? Auch auf diese Frage fanden wir eine Antwort. Melanie Glocker wiederholte die Studie mit 16 Frauen, denen wiederum Kindergesichter mit starkem, niedrigem oder unmanipuliertem Kindchenschema gezeigt wurden. Diesmal befanden sich die Versuchspersonen aber in einem MRT-Scanner. So konnte mit Hilfe eines bildgebenden Verfahrens, der funktionellen Magnetresonanztomographie, ermittelt werden, welche Gehirnregionen bei der Betrachtung der Baby-Fotos besonders aktiv sind. Das höchst spannende Ergebnis lautete: Je stärker das Kindchenschema ausgeprägt war, desto intensiver wurde der Nukleus accumbens aktiviert, ein Gebiet im unteren Vorderhirn, das als Belohnungszentrum bekannt ist. Wie die Hirnforschung seit langem weiß, löst die Aktivierung dieses Gebiets Glücksgefühle aus. Interessanterweise spielt es auch eine entscheidende Rolle bei der Entstehung einer Sucht. So dürfte der Anblick einer Schnapsflasche bei Alkoholikern zu einer starken Aktivität in ebendiesem Gehirnareal führen. Entsprechend berichtete *Die Welt* über die Studien zum Kindchenschema unter der Überschrift: «Kulleraugen und Rauschgift wirken gleich», und das *Hamburger Abendblatt* titelte: «Blick in Kulleraugen polt Frauenhirne auf Glück».

Das Kindchenschema wirkt nicht nur bei Kleinkindern, es wird auch von Tieren und selbst Objekten aktiviert. Dabei ist seine Wirkung auf uns Menschen so stark, dass auch in diesen Fällen eine vergleichbare positive emotionale Reaktion ausgelöst wird, wie bei der Betrachtung eines Babys. So ist das Kindchenschema ein charakteristisches Jugendmerkmal vieler Tiere. Tiger- und Löwenbabys tragen es, ebenso wie die Welpen von Wölfen oder Füchsen. Entsprechend wird in diesen Fällen der Nachwuchs als wesentlich süßer empfunden als die Eltern. Bei einzelnen Arten sind auch die erwachsenen Tiere durch ein ausgeprägtes Kindchenschema gekennzeichnet: Man denke nur an Rehe mit ihren großen Augen oder Pandabären und Koalas, die der Inbegriff des Kindchenschemas sind. Weiß man um seine Wirkung, so wundert es nicht, dass der World Wildlife Fund mit dem Panda als Logo wirbt und nicht etwa mit einer vom Aussterben bedrohten Viper. Auch die Filmindustrie hat das Kindchenschema bereits vor vielen Jahren als äußerst wirksam entdeckt: Mickey Mouse und Nemo sind nur zwei der zahlreichen Beispiele. Letztlich hat es auch erfolgreich Eingang in das Design kommerzieller Produkte gefunden: Die Scheinwerfer des VW Beetle kopieren die großen Augen des Kindchenschemas auf nahezu perfekte Art und Weise.

Zusammengefasst zeigen die Untersuchungen zum Kindchenschema: Auch bei uns Menschen ruft die Kombination bestimmter Merkmale voraussagbare Emotionen und Verhaltensreaktionen hervor. Dies gilt offenbar für nahezu alle Menschen und in allen daraufhin untersuchten Kulturen. Dabei wirkt das Kindchenschema nicht nur auf Erwachsene, sondern auch auf Kinder. Selbst vier Monate alte Babys scheinen bereits darauf anzusprechen. Vieles spricht also dafür, dass es sich um eine angeborene Reaktion auf einen Schlüsselreiz handelt. Diese kann allerdings, wie die instinktiven Antworten der Tiere auf Schlüsselreize, durch kulturelle Einflüsse und persönliche Erfahrungen im Laufe des Lebens abgewandelt und überformt werden.

Klassische Wege zur Untersuchung angeborenen Verhaltens

In den bisherigen Beispielen in diesem Kapitel haben wir indirekt geschlossen, ob ein Verhalten angeboren ist oder nicht. Vereinfacht gesagt: Wenn zuvor keine Gelegenheit bestand, es zu lernen, es gleich beim ersten Mal perfekt auftritt und bei allen

Mitgliedern derselben Art in gleicher Weise erfolgt, spricht vieles dafür, dass es tatsächlich angeboren ist und von Generation zu Generation weitervererbt wird. Ein Musterbeispiel sind die komplexen und kunstvollen Netze mancher Spinnen, die beim ersten Mal bereits genau so perfekt wie alle späteren Male gewebt werden. Einen anderen Weg, um Aussagen über die angeborenen Anteile des Verhaltens bei Tier und Mensch zu machen, beschreitet die Verhaltensgenetik. Wie der Name schon sagt, untersucht diese Forschungsrichtung ganz konkret, wie die Gene eines Individuums sein Verhalten beeinflussen. Um die Erkenntnisse und die Arbeitsweise dieser Disziplin soll es im Folgenden gehen.

Gleich zu Anfang ist es wichtig, sich klarzumachen: Kein Verhalten ist rein genetisch, und kein Verhalten ist rein umweltbedingt. Wie bereits erwähnt, handelt es sich immer um ein Wechselspiel der beiden Faktoren. Bestimmte *Unterschiede* im Verhalten zweier Menschen oder Tiere können jedoch sowohl allein durch die Wirkung der Gene als auch allein durch die Umwelt hervorgerufen werden. Wird ein Zebrafink, der bei seinen Eltern aufwuchs, vor die Wahl gestellt, sich mit einem Zebrafinken oder dem Vertreter einer anderen Prachtfinkenart, dem Japanischen Mövchen, zu verpaaren, so wählt er den Artgenossen. Lässt man den Zebrafinken jedoch von Japanischen Mövchen aufziehen und gibt ihm dann die Wahl, so wird er das Japanische Mövchen bevorzugen. Wenn wir fragen, ob das Wahlverhalten an sich etwas mit den Genen des Zebrafinken zu tun hat, so lautet die Antwort: Selbstverständlich ja! Denn die Fähigkeit zu wählen setzt ein Gehirn voraus, das sich ohne die Information, die die Gene tragen, niemals hätte entwickeln können. Letztlich geht jedes Verhalten immer auf die Aktivität von Nerven- und Muskelzellen zurück, die wiederum auf der Tätigkeit einer Vielzahl von Genen beruht. Deshalb ist an jedem noch so einfachen Verhalten immer eine Legion von Genen beteiligt.

Wenn wir jedoch fragen, ob die Unterschiede im Wahlausgang von Zebrafinken, die bei verschiedenen Prachtfinkenarten aufwuchsen, etwas mit ihren Genen zu tun haben, so lautet die Antwort: Selbstverständlich nein! Denn die Wahl unterschiedlicher Paarungspartner kommt ausschließlich durch den Kontakt mit den verschiedenen Eltern zustande. Es ist somit rein umweltbedingt. Die entscheidende Frage der Verhaltensgenetik lautet nicht, ob ein bestimmtes Verhalten durch die Gene bedingt ist, sondern ob Tiere oder Menschen, die bezüglich ihrer genetischen Ausstattung differieren, sich deshalb auch in ihrem Verhalten unterscheiden.

Wie lässt sich nun testen, ob Gene ursächlich an solchen Verhaltensunterschieden beteiligt sind? Noch vor wenigen Jahrzehnten war eine der erfolgversprechendsten Methoden, Kreuzungsexperimente durchzuführen. Im Prinzip ging es darum, Tiere zweier nah verwandter Arten miteinander zu verpaaren und anschließend das Verhalten der Nachkommen mit dem der Ausgangsarten zu vergleichen. Beispielsweise nehmen die Hähne des Jagdfasans beim Krähen eine kerzengerade Haltung ein, wobei Kopf und Schwanzfedern himmelwärts weisen. Bei Haushähnen ist der Körper während des Krähens hingegen eher diagonal ausgerichtet, und der Schnabel und die Schwanzfedern zeigen zum Boden. Kreuzt man Jagdfasan und Haushahn, so zeigen die männlichen Nachkommen eine Krähstellung, die genau in der Mitte zwischen den beiden Ausgangsarten liegt.

In den meisten Fällen sind die Nachkommen, die aus der Verpaarung unterschiedlicher Arten entstehen, nicht fortpflanzungsfähig. Wenn es in seltenen Fällen dennoch gelingt, sie weiterzuzüchten, kann detailliert auf die Art des Erbgangs rückgeschlossen werden. Ein bekanntes Beispiel ist die Kreuzung zweier nah verwandter Grillenarten. Die eine ist hoch aggressiv, die andere friedlich. Werden die beiden Arten gekreuzt, so erweisen sich alle Nachkommen als aggressiv. Kreuzt man diese

Generation untereinander, so erhält man in der nächsten etwa drei Viertel aggressive und ein Viertel friedliche Tiere. Diese Ergebnisse lassen vermuten: Nur ein einziges der mehreren tausend Gene entscheidet darüber, ob eine Grille friedfertig oder aggressiv ist. Warum kann das geschlossen werden?

Jedes Gen besteht aus zwei Allelen. Bei der aggressiven Art tragen beide Allele des Gens, das über Krieg oder Frieden entscheidet, die Information für aggressives Verhalten. Bei der friedlichen Art besteht das gleiche Gen aus zwei Allelen, die für friedliches Verhalten codieren. Werden die Arten verpaart, erhalten die Nachkommen je ein Allel von jedem Elternteil und besitzen somit ein «aggressives» und ein «friedliches Allel». Da sich alle Nachkommen in der ersten Generation aggressiv verhalten, sagt man: Das «aggressive Allel» ist dominant über das «friedliche». Verpaart man die Grillen dieser Generation, so können daraus genetisch gesehen vier unterschiedliche Gruppen resultieren: Die erste Gruppe hat zwei «aggressive Allele», eins vom Vater, eins von der Mutter; entsprechend sind diese Tiere aggressiv. Die zweite Gruppe erhält ein «aggressives Allel» vom Vater und ein «friedliches» von der Mutter; die dritte ein «friedliches Allel» vom Vater und ein «aggressives» von der Mutter. Da das «aggressive Allel» dominant über das friedliche ist, verhalten sich alle Tiere dieser beiden Gruppen ebenfalls aggressiv. Ein Viertel der Verpaarungen führt aber zu Nachkommen, die jeweils ein «friedliches Allel» vom Vater und von der Mutter erhalten. Diese Grillen sind bei der Begegnung mit Artgenossen friedfertig.

Rückblickend haben solche Kreuzungsexperimente mit verschiedenen Arten wichtige Erkenntnisse über die Erblichkeit des Verhaltens erbracht. In der heutigen Forschung spielen sie allerdings keine bedeutende Rolle mehr.

Ein zweiter, ebenfalls traditioneller Weg, Einsichten in die erblichen Grundlagen von Verhaltensunterschieden zu gewinnen, ist die selektive Züchtung. Dabei werden Tiere mit bestimmten Verhaltensmerkmalen ausgewählt und gezielt weitergezüchtet. Wenn diese Merkmale eine erbliche Komponente haben, dann sollten sie sich im Laufe von Generationen immer stärker ausprägen. Beispielsweise wurde eine Population von Ratten darauf getestet, wie schnell jedes einzelne Tier lernt, einen Weg durch ein Labyrinth zu finden. Wie zu erwarten, gab es einige wenige sehr schlaue, einige wenige sehr dumme und viele Ratten, die mit ihrem Ergebnis in einem mittleren Bereich lagen. Anschließend durften sich die intelligentesten Männchen mit den intelligentesten Weibchen fortpflanzen. Die Nachkommen wurden wiederum darauf getestet, welche Tiere die Lernaufgabe am besten meisterten. Anschließend wurden abermals die intelligentesten männlichen und weiblichen Nachkommen verpaart. Parallel dazu wurde entsprechend mit den dümmsten Ratten beiderlei Geschlechts sowie deren dümmsten Nachkommen verfahren. Das Ergebnis dieses Selektionsexperiments war fast erschreckend: Bereits nach sieben Generationen waren zwei unterschiedliche Populationen entstanden: schlaue und dumme Ratten. Dabei war der Effekt so stark, dass selbst die dümmsten der genetisch schlauen Ratten immer noch schlauer waren als die intelligentesten der genetisch dummen. Wie wirksam durch künstliche Selektion auf bestimmte Verhaltensmerkmale hingezüchtet werden kann, bestätigen Untersuchungen an zahlreichen anderen Tierarten. So lassen sich mit dieser Methode innerhalb weniger Generationen auch friedliche und aggressive Mäuse, zahme und wilde Nerze und selbst viel und wenig zirpende Grillen züchten.

Ein Experiment zur selektiven Züchtung, das bereits seit einigen tausend Jahren läuft, hatten wir bereits im letzten Kapitel kennengelernt: die Domestikation. Durch sie entstanden aus ehemaligen Wildtieren Haustiere. Die Wildtiere wurden auf bestimmte Merkmale hingezüchtet, die der Mensch sich wünschte, was bereits nach relativ wenigen Generationen zu deutlichen Veränderungen im Aussehen, in der Physiologie und im Verhalten führte.

Moderne Verhaltensgenetik

Heutzutage sieht die Forschung zu den angeborenen Grundlagen des Verhaltens völlig anders aus. Mittlerweile sind alle Gene des Menschen und auch die vieler Tierarten vollständig entschlüsselt. Zwar haben alle Individuen einer Art im Prinzip die gleiche Anzahl an Genen, diese können sich in ihrer Struktur aber deutlich voneinander unterscheiden. Nun versuchen viele Forschungsteams weltweit zu verstehen, ob bestimmte Unterschiede auf der genetischen Ebene tatsächlich zu Unterschieden im Verhalten führen, und wenn ja, wie der Weg von den Genen zum Verhalten aussieht. Wie hat man sich diese Forschung konkret vorzustellen?

Es war vor etwa 25 Jahren, als ein wissenschaftlicher Artikel in der Fachzeitschrift *Science* viele Forscher elektrisierte. Ein Team aus holländischen und amerikanischen Wissenschaftlern berichtete über fünf holländische Männer, die entfernt miteinander verwandt waren und in unterschiedlichen Teilen des Landes lebten. Allen gemeinsam waren eine gewisse geistige Zurückgebliebenheit sowie ein auffälliges abweichendes Verhalten, das sich vor allem in impulsiver Aggressivität bei Ärger, Furcht oder Frustration ausdrückte.

In der Psychiatrie war seit langem bekannt, dass ein auffallend hohes Maß an Aggression häufig durch die Fehlfunktion von Botenstoffen im Gehirn ausgelöst wird, wie dem Serotonin oder Noradrenalin. Wie kann es zu solchen Fehlfunktionen kommen? Eine Möglichkeit besteht darin, dass diese Botenstoffe nicht in genügendem Maße abgebaut werden, nachdem sie ihre Aufgabe erfüllt haben, das heißt, Informationen von einer Nervenzelle an eine andere zu übermitteln. Um diesen Abbau zu gewährleisten, wird ein Protein mit dem Namen Monoaminoxydase A, kurz MAOA benötigt. Nun war damals bereits bekannt, welches Gen die Information für die Herstellung von MAOA trägt. Die Forscher vermuteten deshalb, dass dieses bei den holländischen Männern womöglich defekt war, sodass es nicht mehr zur Produktion dieses wichtigen Proteins kam. Tatsächlich zeigte die anschließende Untersuchung: Alle fünf wiesen einen winzigen Fehler, eine Punktmutation, in ihrem MAOA-Gen auf, der dazu führte, dass kein MAOA mehr gebildet wurde.

Zwar war die Stichprobe von fünf Personen viel zu klein, um generelle Schlüsse zu ziehen. Auch konnte der Stoffwechsel des Serotonins und Noradrenalins nicht direkt im Gehirn der Männer gemessen werden, sodass alle diesbezüglichen Aussagen auf Spekulationen und nicht auf Fakten beruhen. Und auch heute, ein Vierteljahrhundert später, ist immer noch nicht geklärt, wie genau das Gehirn mit Hilfe dieser Botenstoffe aggressives Verhalten steuert. Dennoch machte die Studie klar, wie Gene das Verhalten beeinflussen können: Sie tragen die Information für die Bildung von Proteinen, welche im Gehirn Prozesse auslösen oder an ihnen beteiligt sind, die das Verhalten steuern. Dabei können selbst winzige Veränderungen, wie jene Punktmutation in einem einzigen Gen, zu gravierenden Änderungen des Verhaltens führen.

Zwei Jahre später erschien ebenfalls in der Zeitschrift *Science* eine Untersuchung, die direkt auf die zuvor besprochenen Ergebnisse Bezug nahm und sehr gut die Logik verdeutlicht, mit der in diesem Bereich Forschung betrieben wird. Ein Team aus amerikanischen, französischen und schweizerischen Wissenschaftlern wollte wissen, ob die Ausschaltung des MAOA-Gens tatsächlich zu den vorhergesagten Veränderungen in den Konzentrationen von Serotonin und Noradrenalin im Gehirn führt und verstärkte Aggressivität hervorruft. Selbstverständlich dürfen solche Untersuchungen aus ethischen Gründen nicht am Menschen durchgeführt werden. Deshalb wählten die Forscher für ihre Studien ein Mausmodell. Mit Hilfe gentechnischer Methoden veränderten sie das Erbgut dieser Tiere so gezielt, dass nur das Gen für das Protein MAOA nicht mehr funktionierte. Die mehreren tausend anderen Gene der Mäuse waren von dem Eingriff nicht betroffen. Wie erwartet, führte das defekte MAOA-Gen dazu, dass kein MAOA gebildet wurde. In der Folge kam es zu drastisch erhöhten Konzentrationen der Botenstoffe Serotonin und Noradrenalin im Gehirn. Mit diesen Veränderungen ging dann eine deutlich erhöhte Aggression einher. Während es in Gruppen von Mäusen mit einem defekten MAOA-Gen häufig zu Beißereien kam, arrangierten sich Artgenossen mit intaktem MAOA-Gen friedlich. Trafen Mäuse mit defektem MAOA-Gen auf einen fremden Artgenossen, griffen sie ihn sogleich an. War das MAOA-Gen intakt, verhielten sich die Tiere deutlich zurückhaltender. Zusammengefasst bestätigte diese Studie tatsächlich, dass die Änderung in einem einzigen von Tausenden von Genen zu einer deutlichen Veränderung des Verhaltens führen kann.

In den vergangenen zwanzig Jahren zeigte sich: Einzelne Gene können nicht nur gravierende Auswirkungen auf das aggressive Verhalten haben; sie können auch nahezu jedes andere Verhalten beeinflussen. So kennen wir mittlerweile Gene, die vermitteln, ob ein Tier ein Langschläfer oder Frühaufsteher ist. Andere Gene wirken darauf ein, wie schnell eine Aufgabe gelernt werden kann oder wie intensiv sich Mütter um ihre Nachkommen kümmern. Wieder andere Gene modulieren das Sexualverhalten oder stehen im Zusammenhang damit, wie viel Nettigkeiten Tiere mit anderen Artgenossen austauschen.

Häufig wird gefragt, wie vergleichbar denn die Forschungsergebnisse sind, die an Menschen und Tieren ermittelt werden. Hier zeigen sich insbesondere dann verblüffende Übereinstimmungen, wenn es darum geht, wie Gene an der Erzeugung von Emotionen beteiligt sind. So beschrieben der Würzburger Neurowissenschaftler und Psychiater Klaus-Peter Lesch und Kollegen vor etwa 20 Jahren beim Menschen unterschiedliche Varianten eines Gens, das die Information zur Bildung des Serotonintransporters, kurz SERT genannt, trägt. Das SERT ist ein Protein, das das freigesetzte Serotonin wieder zurück in die Nervenzelle transportiert, wo es dann zur erneuten Ausschüttung zur Verfügung steht.

Die Forscher fanden heraus, dass Personen Träger zweier langer, zweier kurzer oder eines kurzen und eines langen Allels sein können. Dabei geht das kurze Allel mit einer verringerten Synthese von SERT einher. Die Unterschiede in der Struktur des SERT-Gens hatten deutliche Auswirkungen auf die Stimmungslage: Menschen mit kurzen SERT-Allelen waren wesentlich ängstlicher als Träger von langen Allelen.

Interessanterweise finden sich ganz ähnliche Varianten des SERT-Gens auch bei Rhesusaffen. Und vergleichbar mit den Ergebnissen beim Menschen sind auch bei ihnen die Träger der kurzen Allele deutlich ängstlicher als Tiere mit den langen Allelen.

Um besser zu verstehen, wie das SERT-Gen das Verhalten so stark beeinflussen kann, wurden in einem nächsten Schritt sogenannte SERT-Knockout-Mäuse hergestellt. Wie der Name besagt, wird hierzu das SERT-Gen mit Hilfe gentechnischer Verfahren ausgeknockt, das heißt ausgeschaltet, und es kann somit kein SERT mehr produziert werden. Werden zwei solche SERT-Knockout-Mäuse miteinander verpaart, werden auch ihre Kinder kein funktionierendes SERT-Gen besitzen. Pflanzt sich hingegen eine SERT-Knockout-Maus mit einem Artgenossen fort, der nicht gentechnisch verändert wurde und also zwei intakte Allele des SERT-Gens besitzt, so entstehen Nachkommen, die ein defektes und ein funktionierendes Allel des SERT-Gens besitzen. Durch geschickte Züchtung können also drei verschiedene Arten von Nachkommen erzeugt werden: Mäuse mit einem, mit zwei oder mit gar keinem funktionierenden Allel des SERT-Gens, die entsprechend viel, mittelmäßig oder gar kein SERT in ihrem Gehirn besitzen.

Eingehende Untersuchungen der Mäuse zeigten zunächst, dass Tiere aller drei Genotypen gesund sind, sich ganz normal entwickeln und ihre Sinne einwandfrei funktionieren. Weiterführende Untersuchungen des Verhaltens durch unser Team förderten dann aber deutliche Unterschiede zutage: Mäuse mit zwei intakten Allelen des SERT-Gens waren vor allem weniger ängstlich als Artgenossen mit zwei defekten Allelen. Sie erkundeten unbekanntes Terrain wesentlich forscher, wagten sich häufiger auf offene Flächen und lernten schneller, welche Situationen gefährlich und welche sicher sind. Tiere mit zwei defekten Allelen verhielten sich in denselben Situationen eher furchtsam, mieden helle und ungeschützte Areale, und es dauerte wesentlich länger, bis sie zurückliegende negative Erfahrungen aus ihrem Gedächtnis gelöscht hatten. Mäuse mit einem intakten und einem defekten SERT-Allel lagen in ihrem Verhalten in der Regel zwischen den beiden anderen Genotypen. Die Auswirkungen des SERT-Gens auf die Stimmungslage und das Verhalten zeigen also verblüffende Übereinstimmungen zwischen Menschen, Affen und Mäusen.

Darüber hinaus bestätigten die Untersuchungen an den SERT-Knockout-Mäusen einen weiteren wichtigen Punkt über den Zusammenhang von Genen und Verhalten, der auf Menschen und Tiere gleichermaßen zutrifft: Ein einziges Gen hat in der Regel nicht nur Auswirkungen auf ein einziges Verhaltensmerkmal, sondern es beeinflusst unterschiedlichste Bereiche.

So wirken sich Veränderungen im SERT-Gen darauf aus, wie ängstlich oder neugierig ein Tier ist, wie mutig es neue Situationen erkundet, wie aggressiv es Artgenossen angeht, wie gestresst es auf Veränderungen in seiner Umwelt reagiert, wie schnell es lernt, mit solchen Veränderungen umzugehen und wie es doppeldeutige Situationen beurteilt: eher optimistisch oder eher pessimistisch.

Determinieren Gene das Verhalten?

Wenn Veränderungen in einem einzigen Gen im Extremfall darüber entscheiden können, ob ein Tier friedlich oder aggressiv, ängstlich oder mutig, intelligent oder dumm ist, dann stellt sich die Frage: «Determinieren die Gene das Verhalten?» Oder anders formuliert: «Ist es nicht letztlich das Erbgut, welches vom Vater und von der Mutter weitergegeben wird, das festlegt, wie sich die Nachkommen verhalten?» Bevor wir auf diese vieldiskutierten Fragen eine Antwort geben, sollten wir uns Folgendes klarmachen: Die Erkenntnisse, dass einzelne Gene das Verhalten maßgeblich beeinflussen, stammen vor allem aus Untersuchungen, in denen alles gleich gehalten wird – bis auf ein einziges Gen. Will man beispielsweise wissen, welche Auswirkungen ein kompletter Verlust des SERT-Gens hat, so vergleicht man zwei Gruppen von Mäusen: Die Tiere der einen Gruppe besitzen ein funktionierendes, die der anderen ein defektes SERT-Gen. Sie unterscheiden sich aber in keinem weiteren ihrer mehreren tausend Gene. Auch alle anderen Merkmale sind identisch: Die Tiere haben dasselbe Geschlecht, sind gleich alt, und sie verbringen ihr ganzes Leben unter denselben Umweltbedingungen. Sie nehmen die gleiche Nahrung zu sich, die Umgebungstemperatur ist konstant, und das Licht geht jeden Tag morgens um acht Uhr an und abends um zwanzig Uhr wieder aus. Wenn die Tiere dann auf ihr Verhalten getestet werden, zeigt sich tatsächlich: Der Verlust eines einzigen Gens hat maßgeblichen Einfluss auf ihr Verhalten.

Was geschieht, wenn umgekehrt die Umwelt verändert und die Gene konstant gehalten werden, wissen wir bereits. Die Antwort auf diese Frage hatten wir im letzten Kapitel kennengelernt, in dem es darum ging, wie die Haltungsumwelt das Verhalten und Wohlergehen beeinflusst. Lebten genetisch identische Mäuse des gleichen Geschlechts und Alters entweder in einer superangereicherten oder in einer Standardhaltung, dann unterschied sich ihr Verhalten wie Tag und Nacht: In der stark strukturierten, abwechslungsreichen Umwelt spielten die Tiere viel, waren nett miteinander und Aggressionen gab es kaum. Sie waren mutig, lernten schnell und hatten ein gutes Gedächtnis. Tiere, die in einer öden Standardhaltung lebten, waren das genaue Gegenteil. Identische Gene führten also keineswegs zu gleichem Verhalten. Vielmehr hatte die Umwelt trotz exakt gleicher Erbanlage einen entscheidenden Einfluss darauf, wie sich die Tiere verhielten.

Die Antwort auf die Frage «Determinieren die Gene das Verhalten?» lautet also ganz eindeutig: «Nein!» Zwar können Gene genau wie die Umwelt das Verhalten beeinflussen, sie bestimmen es aber nicht. Letztlich entsteht das Verhalten immer aus dem Zusammenspiel von genetischer Veranlagung und Umwelt, wobei – und das ist neu – die genetische Veranlagung seit einigen Jahren bis auf die Ebene jeden einzelnen Gens verfolgt werden kann.

Das Zusammenspiel von Genen und Umwelt: dumme und schlaue Ratten

Die Erkenntnis, dass Umwelt und Gene zusammenspielen und so das für jedes einzelne Tier typische Verhalten formen, ist nicht neu. Bereits 1958 wurde dazu eine herausragende Studie im *Canadian Journal of Psychology* veröffentlicht, die leider allzu oft in Vergessenheit gerät. Untersucht wurden zwei verschiedene Linien von Ratten, die zuvor durch künstliche Selektion über viele Generationen entweder auf gutes oder schlechtes Lernvermögen hin gezüchtet worden waren. In der Konsequenz waren die Tiere der einen Linie aufgrund ihrer Erbanlagen «intelligent», wenn es darum ging, ein Labyrinth zielstrebig ohne viele Fehler zu durchqueren. Die Tiere der anderen Linie waren angeborenermaßen «dumm» und verliefen sich häufig, wenn sie den richtigen Weg suchten. Es bestanden also gewaltige Unterschiede in der Lernleistung der beiden Rattenlinien – allerdings nur wenn alle Tiere in einer normalen Umwelt groß geworden waren.

Hatten die Tiere hingegen in einer öden, reizarmen Umgebung gelebt, so bestanden keine wesentlichen Unterschiede mehr zwischen den beiden Linien. Denn während sich die Lernleistung der «genetisch intelligenten» Tiere aufgrund dieser Bedingungen dramatisch verschlechterte, kam es bei den «genetisch dummen» zu keiner weiteren nennenswerten Beeinträchtigung. Im Gegensatz dazu hatte eine reichhaltige, stimulierende Umwelt deutlich stärkere Auswirkungen auf die «genetisch dummen» als auf die «genetisch intelligenten». Letztere verbesserten sich kaum noch in ihren Lernleistungen; die «genetisch dummen» erwiesen sich nun aber als ziemlich schlau und machten nur noch unwesentlich mehr Fehler als die andere Gruppe. Verglich man «genetisch intelligente» Ratten, die unter reizarmen Bedingungen aufgewachsen waren mit «genetisch dummen», die aus einem reichhaltigen Milieu stammten, so waren die «genetisch dummen» plötzlich sogar schlauer als die «genetisch intelligenten».

Dieses Beispiel zeigt: Es gibt eine genetische Veranlagung für bestimmte Lernleistungen. Wie «dumm» oder wie «schlau» ein Tier aber letztlich ist, resultiert aus dem Zusammenspiel von Veranlagung und Umwelt. Die Gene bestimmen die Intelligenz der Ratten keinesfalls.

Das Zusammenspiel von Genen und Umwelt: Was Mäuse über die Alzheimer-Krankheit verraten

Ein halbes Jahrhundert später bestätigten Untersuchungen zur Alzheimer-Erkrankung sehr nachdrücklich, dass die Umwelt tatsächlich darüber mitentscheidet, inwieweit eine genetische Veranlagung verwirklicht wird. Alzheimer ist beim Menschen in den allermeisten Fällen zwar nicht primär genetisch bedingt. Es gibt aber eine seltene Form, die sogenannte familiäre Alzheimer-Erkrankung, die ganz wesentlich durch genetische Faktoren hervorgerufen wird. Weist ein Mensch beispielsweise bestimmte Fehler in seinem APP-Gen auf, so ist mit nahezu hundertprozentiger Sicherheit klar, dass sich die Symptome der Alzheimer-Erkrankung bereits in einem sehr frühen Alter ausbilden werden: Es kommt zur Ablagerung bösartiger Eiweißstoffe im Gehirn, und die geistigen Leistungen verschlechtern sich rapide.

Mäuse besitzen normalerweise kein fehlerhaftes APP-Gen, und sie bekommen auch nicht Alzheimer. Als kanadische Wissenschaftler aber mit Hilfe gentechnischer Verfahren das defekte menschliche Gen in das Erbgut von Mäusen einschleusten, bildeten sich im Gehirn der Tiere bösartige Eiweißablagerungen, die sich in nichts von jenen bei Alzheimer-Patienten unterschieden. Als die Wissenschaftler diese Mäuse auf ihre kognitiven Leistungen hin untersuchten, zeigte sich eine weitere Parallele: Mit den Eiweißablagerungen ging eine deutlich schlechtere Orientierung und ein beeinträchtigtes Gedächtnis einher. Wie beim Menschen traten die Krankheitssymptome erst im Erwachsenenalter auf. In ihrer Kindheit und Jugend waren die Mäuse völlig gesund und entwickelten sich zunächst ganz normal. Spätere Untersuchungen wiesen weitere Merkmale im Verhalten der Mäuse nach, die ebenfalls häufig bei Alzheimer-Patienten auftreten: ein veränderter Schlaf-Wach-Rhythmus, Hyperaktivität und auffällige Bewegungsstereotypien. Auch waren die Konzentrationen von Stresshormonen deutlich erhöht. Zusammengefasst führte ein einziges Gen dazu, dass die Mäuse ähnliche Symptome und einen vergleichbaren zeitlichen Ablauf der Erkrankung wie beim Menschen zeigten.

Als diese Forschungsergebnisse veröffentlicht wurden, untersuchten wir gerade die Auswirkungen einer superangereicherten Umwelt auf das Verhalten und Wohlergehen von Mäusen. In einem interdisziplinären Team von Hirnforschern, Ärzten und Verhaltensbiologen fragten wir uns: «Könnte es nicht sein, dass eine reich strukturierte, abwechslungsreiche Umwelt auch positive Auswirkungen auf ‹Alzheimer-Mäuse› hat? Und wäre es nicht möglich, dass die Entwicklung und der Verlauf der Krankheitssymptome durch das Zusammenspiel von Veranlagung und Umwelt bestimmt werden und nicht durch das defekte APP-Gen unabänderlich festgelegt sind?»

Dankenswerterweise überließen uns die kanadischen Kollegen einige ihrer «Alzheimer-Mäuse». Durch gezielte Verpaarungen bauten wir zunächst eine Kolonie dieser Tiere auf, an denen wir dann untersuchten, ob sich eine Umweltanreicherung tatsächlich positiv auswirkt. Dazu verglichen wir zwei Gruppen von «Alzheimer-Mäusen»: Die Tiere der einen Gruppe lebten in einer ganz normalen Standardhaltung, wie sie weltweit für Mäuse verwendet wird. Die Tiere der anderen Gruppe wohnten in angereicherten Käfigen, bei denen sich zusätzlich jeden Tag eine Tür öffnete und den Mäusen für mehrere Stunden Zugang zu einem Spielzimmer bot. Dort befanden sich unterschiedlichste Dinge: ein Laufrad, eine Leiter, verwinkelte Röhren, Bälle oder Tücher. Um noch mehr Abwechslung und Anregung zu bieten, wurden diese Utensilien täglich ausgetauscht. Den Mäusen schien diese Lebenswelt zu gefallen, denn sie beschäftigten sich intensiv mit allen Objekten.

Tatsächlich hatte diese Umweltanreicherung überaus positive Auswirkungen auf das Gehirn. Wie die Kollegen aus der medizinischen Fakultät zeigen konnten, bildeten die Mäuse, die in der abwechslungsreichen und anregenden Umwelt gelebt hatten, wesentlich weniger bösartige Eiweißablagerungen aus als ihre Artgenossen aus der Standardhaltung. Stattdessen produzierten ihre Gehirne wesentlich mehr neue Nervenzellen, von denen vermutet wird, dass sie den negativen Auswirkungen der Alzheimer-Erkrankung entgegenwirken können. Darüber hinaus waren unterschiedlichste Mechanismen zum Schutz der Nervenzellen aktiviert. In ihrem Verhalten waren «Alzheimer-Mäuse» aus der angereicherten Haltung deutlich explorativer und erkundeten unbekanntes Terrain wesentlich schneller als ihre Artgenossen aus der Standardhaltung. Ferner gab es Hinweise auf ein besseres Lernvermögen, die in Studien anderer Arbeitsgruppen bestätigt wurden.

Es zeigte sich also auch hier: Die genetische Veranlagung für bestimmte Merkmale ist eine Sache, ihre Ausformung eine völlig andere. Denn obwohl alle Tiere das defekte APP-Gen besaßen, war es doch letztlich das Zusammenspiel von Veranlagung und Lebenswelt, das darüber entschied, wie sie sich entwickelten. Eine abwechslungsreiche, anregende Umwelt konnte die Ausbildung von Symptomen der Alzheimer-Erkrankung zwar nicht verhindern. Sie pufferte diese aber höchst effektiv.

In einem nächsten Schritt fragten wir uns dann: «Was geschieht, wenn wir den ‹Alzheimer-Mäusen› nicht nur einen angereicherten Käfig mit Zugang zu einem Spielzimmer bieten, sondern ihnen eine Art Scheune bauen? Würde ein solch großzügiger, fast natürlicher Lebensraum dazu führen, dass vielleicht gar keine Symptome der Alzheimer-Erkrankung mehr auftreten?» Mein früherer Mitarbeiter und jetziger Kollege Lars Lewejohann machte sich in einer Serie von Untersuchungen an die Beantwortung dieser Frage.

Zunächst baute er ein großes Gehege von gut drei Meter Grundfläche und mehr als zwei Meter Höhe. Fünf Ebenen, die mit Leitern und Seilen verbunden waren, strukturierten den Raum. Auf dem Boden und den fünf Ebenen befanden sich zahlreiche Gegenstände, so Plastikeinsätze, Röhren, Nestboxen, Ziegelsteine oder Papiertücher. Ständig gefüllte Futternäpfe und Trinkflaschen waren überall im Raum verteilt. In dem Gehege befanden sich seit ihrer Geburt etwa 30 Mäuse beiderlei Geschlechts, von denen knapp 40 Prozent das mutierte APP-Gen besaßen. Die restlichen Tiere waren genetisch identisch, trugen das «Alzheimer-Gen» jedoch nicht. Erfahrene Beobachter, die nicht wussten, welche Mäuse das «Alzheimer-Gen» trugen, ermittelten dann etwa 450 Stunden lang sehr detailliert, wie sich alle Tiere verhielten.

Die Gehirnuntersuchungen lieferten enttäuschende Ergebnisse: Das Leben in dieser stimulierenden, nahezu natürlichen Umwelt führte keineswegs dazu, dass die bösartigen Eiweißablagerungen nicht mehr auftraten. Ganz im Gegenteil: Es bildeten sich sogar noch mehr Ablagerungen aus als bei Artgenossen, die zeitlebens in einer öden Standardhaltung gelebt hatten. Die Auswertung des Verhaltens erbrachte allerdings eine Sensation: Die Mäuse mit dem defekten APP-Gen, die laut der Gehirnuntersuchungen eine schwere Alzheimer-Pathologie aufwiesen, waren in ihrem Verhalten so gut wie nicht von ihren Artgenossen ohne «Alzheimer-Gen» zu unterscheiden. Im Erwachsenenalter gab es keine Unterschiede bei der Nahrungsaufnahme, der Körperpflege oder dem Nestbau. Auch Sozial- und Aggressionsverhalten differierten kaum. Das Interesse an der Umwelt war bei beiden Gruppen von Mäusen sehr ähnlich, und bemerkenswerterweise traten bei keiner einzigen Maus Verhaltensstörungen wie Bewegungsstereotypien auf. Einzelnen der «Alzheimer-Mäuse» gelang es sogar, die höchsten Dominanzpositionen im Gruppenverband zu erobern und ihre Territorien erfolgreich zu verteidigen. Nachfolgende Untersuchungen, die das Verhalten aller Tiere mit Hilfe eines vollautomatisierten Systems sieben Tage die Woche und 24 Stunden pro Tag lang analysierten, konnten diese Befunde bestätigen. Dazu passte, dass sich die «Alzheimer-Mäuse» unter diesen Bedingungen auch nicht in ihren Stresshormonkonzentrationen von den gesunden Tieren unterschieden.

Zusammengefasst führte das Leben in einer nahezu natürlichen Umwelt dazu, dass es trotz der genetischen Disposition für die Symptome der Alzheimer-Erkrankung und trotz zahlreicher bösartiger Eiweißablagerungen im Gehirn zu keinerlei Beeinträchtigung im Verhalten kam. Warum das so ist, kann derzeit noch nicht mit Sicherheit gesagt werden. Der aktive Lebensstil in einer anregenden Umwelt könnte aber zu einer massenhaften Bildung neuer Nervenzellen geführt haben, die dann als sogenannte «kognitive Reserve» der Alzheimer-Krankheit entgegengesetzt wurden. Sicher zeigen diese Ergebnisse jedoch erneut: Verhalten wird nicht durch die Gene festgelegt. Es entsteht aus dem Zusammenspiel von Veranlagung und Umwelt.

Das Zusammenspiel von Genen und Umwelt: Was uns das Serotonintransporter-Gen lehrt

Eines der besten Beispiele für den Zusammenhang von Genen, Umwelt und Verhalten bei Mensch und Tier stellen Forschungen zum Serotonintransporter-Gen dar. Weiter vorne hatten wir bereits gehört: Der Serotonintransporter (SERT) ist ein Protein, das das freigesetzte Serotonin wieder zurück in die Zelle transportiert und so darüber mitentscheidet, welche Wirkung das Serotonin im Gehirn ausüben kann. Wie viel SERT vorhanden ist, wird dabei maßgeblich von der Beschaffenheit des SERT-Gens bestimmt: Trägt dieses die Information, nur wenig SERT zu produzieren, dann sind Menschen, Affen und Mäuse ängstlicher und entwickeln eher depressive Symptome, als wenn die Botschaft lautet, viel SERT zu erzeugen.

Aber auch dieses Gen hat keine determinierende Wirkung, wie eine bahnbrechende Untersuchung von Avshalom Caspi und Kollegen im Jahr 2003 zeigen konnte. In dieser Studie wurde bei etwa 1000 Personen im Alter von 26 Jahren ermittelt, ob sie in den letzten fünf Jahren gravierende Stresserfahrungen gemacht hatten, und wenn ja, wie viele. Hierzu zählten starke Belastungen am Arbeitsplatz und in der Beziehung ebenso wie schwerwiegende gesundheitliche oder finanzielle Probleme. Ferner wurde erfragt, ob sie im letzten Jahr eine depressive Phase durchlebt hatten, ob bei ihnen eine echte Depression festgestellt worden war und ob sie sich mit Suizidgedanken befasst hatten. Letztlich wurde bei allen Teilnehmenden der Studie untersucht, ob sie Träger zweier kurzer, zweier langer oder eines kurzen und eines langen SERT-Allels waren. Die Auswertung der Studie erbrachte hochinteressante Ergebnisse.

Zunächst verwunderte nicht, dass Personen, die in den letzten fünf Jahren so gut wie keine gravierenden Stresserfahrungen gemacht hatten, auch nur über eine geringe Anzahl an depressiven Symptomen berichteten, und zwar völlig unabhängig davon, wie ihr SERT-Gen beschaffen war. Hatten sie mehrere stark belastende Ereignisse erfahren, so nahmen die psychischen Probleme bei allen Teilnehmenden zu. Allerdings hing es nun maßgeblich vom SERT-Gen ab, in welchem Ausmaß sich die seelische Verfassung verschlechterte. Wenn vier oder mehr schwerwiegende Stressphasen erlebt worden waren, klagten die Träger zweier kurzer SERT-Allele etwa doppelt so häufig über Symptome einer Depression wie Personen mit zwei langen Allelen. In Einklang hiermit wurden bei ihnen auch etwa zweimal so viele echte Depressionen diagnostiziert. Letztlich beschäftigten sich die Personen mit zwei kurzen Allelen mehr als dreimal so häufig mit dem Gedanken an Suizid oder hatten versucht, sich das Leben zu nehmen. Wie verhielten sich Personen mit einem langen und einem kurzen Allel? Sie lagen erwartungsgemäß etwa in der Mitte zwischen den Trägern zweier kurzer und zweier langer Allele. Zusammengefasst zeigt die Studie eindringlich: Es war wiederum das Zusammenspiel von Genen und Erfahrungen, die die Emotionen und das Verhalten formten.

Studien an Mäusen bestätigten diese Zusammenhänge eindrucksvoll. So verglich Rebecca Heiming aus unserem Team in einer Reihe von Untersuchungen die Nachkommen von Müttern, die während der Trächtigkeit und Säugephase entweder in einer gefährlichen Umwelt oder einer sicheren Umwelt gelebt hatten. Die gefährliche Umwelt simulierte sie, indem in regelmäßigen Abständen die Einstreu unbekannter Mäusemännchen in das Gehege eingebracht wurde. Denn aus verhaltensökologischen Untersuchungen war bekannt, dass unbekannte Männchen eine ernsthafte Gefahr darstellen und häufig neugeborene Mäuse töten. Eine sichere Umwelt wurde entsprechend durch die Gabe neutraler Streu simuliert. Für die Untersuchungen hatte Rebecca Heiming Männchen und Weibchen verpaart, die jeweils ein intaktes und ein defektes SERT-Allel besaßen. Entsprechend fanden sich in ein und demselben Wurf Nachkommen mit drei verschiedenen Genotypen: Tiere, die ein, zwei oder kein intaktes SERT-Allel besaßen.

Die Auswertung des Versuchs zeigte: Die Ängstlichkeit und die Explorationsfreude der Nachkommen wurden maßgeblich durch die Erfahrungen der Mütter beeinflusst. Hatten sie in einer gefährlichen Umwelt gelebt, so waren ihre Nachkommen ängstlicher und weniger erkundungsfreudig, als wenn die Mütter aus einer sicheren Umwelt stammten. Aber auch der Genotyp spielte eine entscheidende Rolle: Hatten die Nachkommen zwei defekte SERT-Allele, dann waren sie ängstlicher, als wenn ein oder zwei Allele intakt waren. Darüber hinaus beeinflusste der Genotyp, in welchem Ausmaß das Verhalten der Nachkommen von der mütterlichen Umwelt von Bedeutung wurde: Besaßen die Nachkommen kein intaktes SERT-Allel, dann waren sie besonders stark betroffen. Ganz ähnlich wie in der Studie von Caspi und Kollegen am Menschen hing es auch bei den Mäusen von ihrem SERT-Gen ab, wie sie auf schwierige Situationen reagierten. Wiederum formte das Zusammenspiel von Erfahrungen und SERT-Gen die Emotionen und das Verhalten.

Auf den ersten Blick scheint es mit Nachteilen verbunden zu sein, ein SERT-Gen zu besitzen, das die Anweisung gibt, wenig SERT zu produzieren. Entsprechend wird das kurze SERT-Allel beim Menschen häufig als Risiko- oder Gefährdungsallel für Angsterkrankungen bezeichnet. Wie wir gesehen haben, laufen Träger dieser Allele auch tatsächlich größere Gefahr, Angsterkrankungen und Depressionen zu entwickeln als Menschen mit zwei langen SERT-Allelen. Aber nicht nur bei uns Menschen können die SERT-Gene unterschiedlich beschaffen sein. Auch in natürlichen Populationen von Affen gibt es Tiere mit zwei kurzen, zwei langen oder einer Kombination aus diesen beiden SERT-Allelen. Dabei unterscheiden sich Träger zweier kurzer

SERT-Allele von Artgenossen mit langen Allelen in ähnlicher Weise wie Menschen mit diesen unterschiedlichen Genvarianten.

Aus evolutionsbiologischer Sicht wäre zu erwarten, dass Merkmale, die für das Individuum nur negativ sind, durch das Wirken der natürlichen Selektion allmählich aus der Population verschwinden. Das ist bei den kurzen SERT-Allelen aber keineswegs der Fall. Deshalb müssen Träger dieser Allele auch Vorteile haben. Entsprechend stellte der US-amerikanische Entwicklungspsychologe Jay Belsky die spannende Frage: «Könnte es nicht sein, dass kurze SERT-Allele nicht nur dazu führen, dass deren Träger besonders empfänglich für negative Ereignisse sind, sondern auch in verstärktem Maße auf positive Geschehnisse ansprechen?» Falls dem so wäre, hätten Kurz-Allel-Träger in einer widrigen Welt Nachteile, in einer erfreulichen Umgebung jedoch Vorteile.

In letzter Zeit mehren sich die Hinweise, dass dem tatsächlich so ist. So waren bereits in der Caspi-Studie die Träger zweier kurzer SERT-Allele zwar am stärksten gefährdet, psychische Probleme zu entwickeln, wenn sie sehr viel Stress erlebt hatten. Sie waren aber auch diejenigen, die die wenigsten Probleme hatten, wenn ihr Leben ohne nennenswerte Belastungen verlief. Gleichermaßen sind Personen mit zwei kurzen SERT-Allelen neurotischer als Menschen mit zwei langen Allelen, wenn beide eine Serie von negativen Erfahrungen gemacht haben. Genau den umgekehrten Effekt rufen jedoch erfreuliche Lebensereignisse hervor: Nach solchen Erfahrungen sind Kurz-Allel-Träger weniger neurotisch als Menschen mit langen Allelen.

Diese Ergebnisse stützen einen sehr sinnvollen Vorschlag, den Jay Belsky vor einigen Jahren gemacht hat: Die kurzen SERT-Allele sollten nicht mehr länger als Risiko-, Gefährdungs- oder gar Krankheitsgen betrachtet werden, sondern vielmehr als Plastizitätsgen. Denn offenbar beeinflusst das SERT-Gen bei

Mensch und Tier ganz generell, wie stark seine Träger von Ereignissen in der Umwelt beeinflusst werden.

Epigenetik

Noch bis vor wenigen Jahren gab es ein unumstößliches Dogma, wenn es um den Zusammenhang von Genen und Verhalten ging. Es lautete: Die Gene beeinflussen das Verhalten, aber das Verhalten nicht die Gene. Was ist damit gemeint? Im Prinzip erben die Nachkommen je ein Allel jedes Gens vom Vater und eins von der Mutter. Wie wir gesehen haben, können bei gleicher Umwelt bereits geringe Unterschiede in der Beschaffenheit dieser Allele die Söhne und Töchter dümmer oder schlauer, aggressiver oder friedlicher, ängstlicher oder mutiger machen. Hier geht die Richtung eindeutig von den Genen zum Verhalten. Die Nachkommen können in ihrem Leben aber unabhängig von ihren Genen ganz unterschiedliche Erfahrungen machen: Sie können zum Beispiel in einer anregenden Umwelt viel lernen oder in einer öden Umwelt verdummen. Sie können häufig in Auseinandersetzungen verwickelt sein und viel Aggression erfahren oder in einer friedlichen Umwelt aggressionsfrei leben. Sie können positive Erfahrungen machen und dadurch mutiger werden, oder sie erfahren Niederlagen, was sie ängstlicher werden lässt.

Lange war man davon ausgegangen, dass solche Erfahrungen nicht zu Veränderungen der Gene führen und somit auch nicht in der nächsten Generation an die Kinder weitervererbt werden können. Anders ausgedrückt: Ein Kind mit zwei kurzen SERT-Allelen hat eine Veranlagung, ängstlich zu sein. Es kann aber durch geeignete Erfahrungen trotzdem sehr mutig werden. Diese Erfahrungen führen aber nicht dazu, dass aus den kurzen SERT-Allelen lange werden. Wenn dieses Kind erwachsen ist und sich seinerseits fortpflanzt, wird es wiederum ein kurzes SERT-Allel und damit eine Veranlagung für Ängstlichkeit an seine Kinder weitergeben, obwohl es sich selbst zu einer sehr mutigen Person entwickelt haben kann. Der Weg von den Genen zum Verhalten schien eine Einbahnstraße zu sein; eine Veränderung der Gene durch Erfahrung und eine Weitergabe der so veränderten Gene schien unmöglich. Doch dann kamen die Forschungen des Biologen Michael Meaney und seines Teams von der Universität Montreal.

Die Wissenschaftler untersuchten das Brutpflegeverhalten von Ratten. Dabei fiel ihnen auf: Es gab «gute» und «schlechte» Mütter. Gute Mütter kümmerten sich intensiv um ihren Nachwuchs: Sie putzten und leckten die Babys ausdauernd. Die schlechten Mütter kümmerten sich hingegen nur etwa halb so viel um ihre Kinder. Interessanterweise stellten diese Merkmale stabile Charaktereigenschaften dar: Wer einmal eine gute Mutter war, war es immer. Auf schlechte Mütter traf dasselbe zu. Das unterschiedliche Ausmaß an Brutpflege hatte deutliche Auswirkungen auf die Nachkommen: Kinder von guten Müttern waren im späteren Leben mutiger, sie lernten besser und wiesen wesentlich geringere hormonelle Stressreaktionen auf als der Nachwuchs von schlechten Müttern. Dass es tatsächlich das mütterliche Verhalten war, welches zu diesen drastischen Unterschieden führte, konnte durch Austauschversuche bewiesen werden: Wenn die Kinder schlechter Mütter bei guten Müttern aufwuchsen, unterschieden sie sich später in nichts von den Kindern guter Mütter, die bei diesen aufgewachsen waren. Umgekehrt trugen die Kinder guter Mütter dieselben Merkmale wie die Nachkommen von schlechten Müttern, wenn sie von diesen aufgezogen worden waren. Es stellte sich die Frage: «Wie kann das mütterliche Verhalten so drastische Auswirkungen auf das Verhaltensprofil ihrer Nachkommen haben?» Um zu verstehen, welch sensationelle Antwort Michael Meaney und sein Team fanden, muss kurz ein wenig molekulargenetisches Basiswissen rekapituliert werden.

Wie allgemein bekannt, ist die Desoxyribonukleinsäure – kurz DNA genannt – der Träger der Erbinformation. Sie besteht aus zwei parallelen Strängen, die sich schraubenartig winden und als Doppelhelix bezeichnet werden. Die einzelnen Gene kann man sich als unterschiedliche Abschnitte der DNA vorstellen. Sie bestehen ebenso wie die gesamte DNA aus nur vier verschiedenen Grundbausteinen, die in einer langen Reihe hintereinander angeordnet sind. Bei diesen Grundbausteinen handelt sich um Nukleotide, die eine der vier verschiedenen Basen Adenin, Cytosin, Guanin oder Thymin enthalten. Abgekürzt heißen diese vier Basen A, C, G oder T und bilden sozusagen die Buchstaben des genetischen Alphabets. In jedem Gen trägt eine lange Abfolge dieser vier Buchstaben die Information zur Bildung eines Stoffes, der für den Aufbau und Erhalt sowie das Funktionieren des Organismus wichtig ist. Dabei weist jedes Gen eine andere Kombination dieser Buchstaben auf und codiert somit auch für eine andere Substanz. Dabei kann es sich beispielsweise um Enzyme handeln, die als Katalysatoren wichtige Vorgänge im Körper in Gang bringen, oder um Strukturproteine, die den Zellen Form und Festigkeit geben, oder um Antikörper, die als Schutzstoffe Erreger bekämpfen, die in den Körper eingedrungen sind. Auch die Bauanleitungen für Stoffe, die das Verhalten beeinflussen, sind in den Genen codiert. Zwei Beispiele haben wir bereits kennengelernt: das SERT- und das MAOA-Gen. Andere Beispiele sind Gene, die Informationen zur Bildung von Hormonen oder deren Rezeptoren im Gehirn tragen. Letztere sind Andockstellen, mit denen sich die Hormone verbinden und so das Verhalten beeinflussen.

Michael Meaney und seine Kollegen konnten nun zeigen: Das Brutpflegeverhalten der Mütter veränderte im Gehirn ihrer Nachkommen die Feinstruktur bestimmter Gene, die wichtige

Informationen für die Ausführung des Verhaltens und die Heftigkeit der Stressreaktionen tragen. Zwar blieb die Abfolge der Basen in diesen Genen gleich; es wurden aber Methylgruppen angehängt. Diese kleinen chemischen Anhängsel sorgten wie Schalter in Off-Stellung dafür, dass die Aktivität dieser Gene heruntereguliert wurde. Besonders betroffen war ein Gen, das die Information trug, einen wichtigen Rezeptor für ein Hormon zu bilden. Wenn sich die Mutter nur schlecht um ihre Nachkommen kümmerte, bildete sich an genau diesem Gen ein solcher Schalter aus, der es zum Teil inaktivierte. Dadurch wurde eine Reihe von Reaktionen im Gehirn ausgelöst, die die Nachkommen dauerhaft ängstlicher und gestresster machten.

Das Fürsorgeverhalten der Mütter beeinflusste auch ganz wesentlich, wie sich ihre Töchter in der nächsten Generation gegenüber dem eigenen Nachwuchs verhielten: Töchter guter Mütter wurden selbst gute Mütter und kümmerten sich viel, Töchter schlechter Mütter wurden schlechte Mütter und kümmerten sich nur wenig um ihre Babys. Das führte wiederum dazu, dass das besagte Gen auch in der Enkelgeneration mit einem Schalter in Off-Stellung versehen war. Folglich waren die Kinder schlechter Mütter wieder ängstlicher und gestresster als die Nachkommen guter Mütter. Zusammengefasst lautete die fast unglaubliche Erkenntnis aus diesen Untersuchungen: Erfahrungen können bei den Nachkommen zu Veränderungen in der Feinstruktur einzelner Gene führen, die von Generation zu Generation weitergegeben werden und so das Verhalten maßgeblich beeinflussen. Eine Modifikation in der Feinstruktur von Genen, ohne dass es dabei zu einer veränderten Abfolge der Basenpaare kommt, wird als epigenetische Veränderung bezeichnet, eine Weitergabe dieser Veränderungen von einer Generation zur anderen als «nichtgenomische» oder «epigenetische Vererbung».

Dass eine Weitergabe von Erfahrungen über Generationen

hinweg sogar dann möglich ist, wenn keinerlei Kontakt zwischen den Kindern und dem Elternteil besteht, das die Erfahrung gemacht hat, konnte kürzlich von den US-Amerikanern Brian Dias und Kerry Ressler in einer aufsehenerregenden Studie gezeigt werden. Zunächst konditionierten die Forscher männliche Mäuse darauf, einen bestimmten Duftstoff zu vermeiden. Dann verpaarten sie diese Männchen mit Weibchen, die niemals mit dem Duftstoff in Berührung gekommen waren. Die Weibchen wurden trächtig, brachten Junge zur Welt und zogen sie ohne Beisein des Vaters auf. Als die Nachkommen erwachsen waren, testeten die Forscher, wie sie auf unterschiedliche Geruchsstoffe reagierten. Unglaublich aber wahr: Die Mäuse waren überempfindlich gegenüber genau dem Geruchsstoff, den ihre Väter zu meiden gelernt hatten. Auf andere Geruchsstoffe reagierten sie ganz normal. Dabei hatten sie, wie ihre Mütter, den Stoff zuvor niemals kennengelernt. Und selbst die nächste Mäusegeneration reagierte noch mit derselben Überempfindlichkeit auf den Duftstoff, mit dem ihre Großväter negative Erfahrungen gemacht hatten.

Wie ist all das zu erklären? Interessanterweise führte die negative Erfahrung mit dem Duftstoff zur Veränderung eines Gens in den Spermien der Großväter. Dieses Gen codierte für die Bildung eines Rezeptors, der für die Wahrnehmung des besagten Geruchsstoffs verantwortlich ist. Wiederum war bei dieser Veränderung nicht die Abfolge der Basen betroffen, sondern es kam – wie in den Studien von Michael Meaney – zu einer epigenetischen Veränderung dieses Gens, das dann bei der Paarung in seiner veränderten Form an die nächste Generation weitergegeben wurde. Bei den Nachkommen führte das so veränderte Gen dann dazu, dass sich in ihrem Riechsystem besonders viele Rezeptoren für den besagten Duftstoff ausbildeten.

Mittlerweile belegen immer mehr Studien epigenetische Veränderungen, die Bedeutung für das Verhalten haben, und es mehren sich die Hinweise auf epigenetische Vererbungen von Verhaltensmerkmalen über Generationen hinweg. Das Dogma «Erworbene Verhaltenseigenschaften können nicht weitervererbt werden» scheint widerlegt. Es bleibt die spannende Frage, wie weit verbreitet solch epigenetische Vererbungen sind. Dies wird die zukünftige Forschung zeigen.

Fazit

Es war ein weiter Weg von den kontroversen Diskussionen der klassischen Ethologen mit den Behavioristen, wie viel im Verhalten denn wohl angeboren und wie viel erlernt ist, bis zur heutigen Debatte über das Zusammenspiel von Umwelt und Genen bei der Entwicklung und Steuerung des Verhaltens. Klar ist: Unterschiede im Verhalten können sowohl durch die Gene als auch durch die Umwelt bedingt sein. Dabei kann in einer konstanten Umwelt selbst eine minimale Veränderung in einem einzelnen Gen dazu führen, dass sich das Verhalten drastisch ändert. Andererseits rufen unterschiedliche Lebenswelten völlig verschiedenes Verhalten selbst bei genetisch identischen Individuen hervor. In der Regel entsteht das Verhalten aus dem Zusammenspiel von Genen und Umwelt, wobei sich dieses Zusammenwirken mittlerweile bis auf die Ebene einzelner Gene nachverfolgen lässt. Dabei tritt die epigenetische Veränderung des Genoms immer mehr in den Fokus der Forschung. In manchen Fällen kann es sogar durch epigenetische Vererbung zur Weitergabe von erworbenen Verhaltenseigenschaften über Generationen hinweg kommen. Dieses hochkomplexe Wechselspiel von Umwelt und Genen ist erst in Ansätzen verstanden. Seine Entschlüsselung ist zweifellos eine der spannendsten Aufgaben, die sich der aktuellen Verhaltensbiologie stellt.

KAPITEL 5

VON KLUGEN HUNDEN UND INTELLIGENTEN RABEN

*Alle Tiere können lernen,
viele können denken und manche
erkennen sich selbst*

Wie wir im letzten Kapitel gesehen haben, spielen Instinkt und Lernen, Ererbtes und Erworbenes, auf komplexe Weise zusammen und bringen so das für jede Tierart und jedes Individuum charakteristische Verhalten hervor. Dabei haben wir über das Lernen bisher noch in einem allgemeinen Sinne gesprochen: Entenküken lernen, wem sie nach dem Schlüpfen folgen, und Zebrafinken, welche Merkmale ihr späterer Paarungspartner haben soll. Meerschweinchen lernen, sich mit Artgenossen zu arrangieren, Südliche Grünmeerkatzen, welcher Warnruf einem Leoparden und welcher einem Adler gelten soll. Die Tauben Jack und Jill übermittelten sogar mit Hilfe erlernter Symbole so effizient Informationen, dass es aussah, als würden sie sich unterhalten. In diesem Kapitel wollen wir genauer betrachten, zu welchen kognitiven Leistungen Tiere fähig sind, ob sie nicht nur lernen, sondern auch denken können und ob sich bei ihnen – wie beim Menschen – ein Ich-Bewusstsein nachweisen lässt.

Rico, der geniale Border-Collie

Zu welch erstaunlichen Lern- und Gedächtnisleistungen Tiere fähig sind, wurde 1999 einem Millionenpublikum bewusst, das staunend den Auftritt von Rico in der Fernsehsendung «Wetten, dass ...?» verfolgte. Rico war der fünfjährige Border-Collie der Familie Baus. Seine Aufgabe bestand darin, aus 77 unterschiedlichen Spielzeugen genau dasjenige herauszufinden, das zunächst der Moderator auswählte und dessen Bezeichnung ihm dann Susanne Baus zurief. Wenn sie sagte: «Rico, wo ist denn der Schneemann? Such! Such!», machte Rico sich auf den Weg und begutachtete die Gegenstände der Reihe nach. Auf den Schneemann treffend, nahm er ihn sofort in die Schnauze und brachte ihn zu seiner Besitzerin. In einem zweiten, dritten und vierten Durchgang fand Rico genauso treffsicher den Pokémon, «den Schalke» – einen kleinen Ball in den Vereinsfarben des Fußballclubs – und «den BVB», einen entsprechenden Ball in den Farben der Dortmunder Borussia. Rico hatte offenbar gelernt, Gegenständen Wörter zuzuordnen und sie auf Zuruf herzuholen. Laut Familie Baus kannte Rico die Bezeichnung von über 200 Spielzeugen und Bällen und konnte sie auf Kommando herbeiholen.

Die Geschichte der Verhaltensforschung mahnt allerdings zur Vorsicht, wenn es um die Einschätzung kognitiver Leistungen von Tieren geht. Wie wir bereits im einleitenden Kapitel gehört haben, war Wilhelm von Osten vor gut hundert Jahren fest davon überzeugt gewesen, dass sein Pferd, der «kluge Hans», einfache Rechenaufgaben lösen konnte. Die wissenschaftliche Überprüfung hatte aber gezeigt: Wenn keine der anwesenden Personen das Ergebnis der Rechenaufgabe kannte, war auch der kluge Hans nicht mehr in der Lage, die richtige Lösung zu finden. Deshalb fragten sich Julia Fischer und ihr Team vom Max-Planck-Institut für Evolutionäre Anthropologie in Leipzig, ob der Collie Rico tatsächlich zu den verblüffenden Lern- und Gedächtnisleistungen in der Lage war oder ob sie nicht doch durch eine unbewusste Hilfestellung der anwesenden Personen, den «Cleveren-Hans-Effekt», zu erklären waren.

In einem ersten Experiment unter kontrollierten Bedingungen wurden die 200 Spielzeuge, die Rico kannte, nach dem Zufallsprinzip in 20 Chargen zu je 10 Gegenständen unterteilt. Während Susanne Baus mit Rico in einem Zimmer wartete, verteilten die Wissenschaftlerinnen und Wissenschaftler die zehn Gegenstände der ersten Charge in einem benachbarten Experimentalraum. Anschließend baten sie die Besitzerin, Rico anzuweisen, zwei zufällig ausgewählte Spielzeuge nacheinander aus diesem Raum zu holen. Während Rico nach dem richtigen Spielzeug suchte, war niemand in dem Raum anwesend, der die Lösung kannte. Nach und nach wurde der Versuch auf exakt dieselbe Weise mit den anderen 19 Chargen wiederholt. Insgesamt hatte Rico damit die Aufgabe, in 20 Versuchen aus insgesamt 200 Gegenständen 40-mal das richtige Spielzeug auf Kommando herauszufinden und zu apportieren. Dem genialen Border-Collie gelang dies tatsächlich 37-mal. Beim cleveren Hans hatte die wissenschaftliche Überprüfung ergeben: Rechnen konnte das Pferd nicht. Bei Rico zeigte sie: Der Border-Collie hatte tatsächlich gelernt, 200 Gegenständen die richtige Benennung zuzuordnen. Eine erstaunliche Leistung!

Einzigartig ist sie im Tierreich aber nicht. Auch Menschenaffen, Delfine, Seelöwen und Papageien verfügen über einen ähnlich umfangreichen «Wortschatz», wenn sie in intensiven und langwierigen Übungen von ihren menschlichen Bezugspersonen darauf trainiert werden, Gegenständen Wörter zuzuordnen. Laut Familie Baus wurde mit Rico immerhin täglich vier bis sechs Stunden lang geübt. Rekordverdächtig scheint das Repertoire von Ricos Border-Collie-Kollegin Betsy zu sein, es umfasst sage und schreibe 340 Wörter.

Ricos Lernleistungen waren keineswegs das Resultat einer einfachen Dressur, wie das Leipziger Team in einem zweiten Experiment nachweisen konnte. Vielmehr wandte der Border-Collie eine raffinierte Lernmethode an, von der man lange geglaubt hatte, dass sie nur der Mensch beherrscht: das *fast mapping*, das schnelle Zuordnen. Mit dieser Methode gelingt es Kleinkindern ab dem Alter von 24 Monaten, täglich im Durchschnitt zehn neue Wörter zu lernen.

Wie sah das Experiment aus? In einem benachbarten Raum wurden acht verschiedene Objekte verteilt, von denen Rico sieben vertraut waren und deren Bezeichnungen er kannte. Das achte Objekt hatte er nie zuvor gesehen, und er wusste deshalb auch nicht, wie es hieß. In einem ersten Durchgang wurde Rico von seiner Besitzerin aufgefordert, ein bekanntes Objekt zu suchen und herbeizubringen, was ihm – wie immer – problemlos gelang. Im zweiten oder dritten Durchgang nannte sie dann ein ihm völlig unbekanntes Wort und forderte ihn auf, genau diesen Gegenstand zu holen: «Rico! Wo ist der Soundso?» Rico lief daraufhin in den benachbarten Raum, sah sich alle acht Objekte an, wählte das unbekannte aus und brachte es seiner Besitzerin. In insgesamt zehn Durchgängen mit jeweils sieben bekannten und einem unbekannten Objekt apportierte Rico in immerhin sieben von zehn Fällen das unbekannte Objekt. Offensichtlich konnte er das neue Wort mit dem unbekannten Objekt in einem Ausschlussverfahren verknüpfen: Das Objekt, welches er nicht kannte, musste wohl dasjenige sein, welches seine Besitzerin benannte.

Die spannende Frage, die sich anschloss, lautete: Konnte sich Rico die Verknüpfung zwischen den neuen Wörter und den neuen Objekten merken, obwohl er sie nur ein einziges Mal gehört beziehungsweise gesehen hatte? Die verblüffende Antwort lautete: Ja, er konnte es – wenn auch nicht perfekt. Vier Wochen nach dem Experiment wurde ein Objekt, das Rico als unbekannt identifiziert hatte, zusammen mit vier bekannten und vier unbekannten Objekten in einem Raum verteilt. Anschließend forderte die Besitzerin Rico auf, es zu holen. Rico hatte das Objekt während der letzten vier Wochen nicht mehr gesehen und auch nicht seinen Namen gehört. Dennoch war er in der Hälfte der durchgeführten Versuche in der Lage, das Objekt korrekt zu apportieren. Er hatte also in einem Fast-mapping-Verfahren die Zuordnung von neuen Begriffen zu unbekannten Objekten gelernt, sie im Gedächtnis abgespeichert und auch vier Wochen später noch erstaunlich korrekt abgerufen. Damit lag seine Erfolgsquote in den Versuchen genau in jenem Bereich, den Entwicklungspsychologen für dreijährige Kinder ermittelt haben.

Zweifellos war Rico zu hochkomplexen Lernvorgängen fähig. Aber was genau versteht man in der Verhaltensforschung darunter, wenn es heißt, ein Tier lernt? Generell wird Lernen als die Fähigkeit betrachtet, das Verhalten aufgrund individueller Erfahrungen zu verändern. Lernen erlaubt es Tieren, ihr Verhalten an die Umweltbedingungen anzupassen. Deshalb wundert es nicht, dass es im Tierreich weit verbreitet ist und bereits bei einfachen wirbellosen Tieren vorkommt, zum Beispiel Fadenwürmern oder Pantoffeltierchen. Lernen ist immer eng mit dem Gedächtnis verknüpft, denn es führt nur dann zu Verhaltensänderungen, wenn das Ergebnis gespeichert und bei Bedarf wieder abgerufen werden kann. Es können allerdings Lernformen verschiedener Komplexität unterschieden werden. So ist die Verknüpfung neuer Begriffe mit unbekannten Objekten durch ein *fast mapping*, wie wir es bei Rico kennengelernt haben, ein höchst komplizierter Lernvorgang, den man nur bei wenigen Tierarten mit hochentwickelten Gehirnen vorfinden dürfte. Im Gegensatz dazu begreifen schon die meisten Tiere innerhalb kürzester Zeit, dass beispielsweise nach einem Pfeifton immer eine Fütterung erfolgt.

Habituation, eine einfache Form des Lernens

Der einfachste Lernvorgang, den wir kennen, ist die Gewöhnung oder Habituation. Hier wird genau genommen keine neue Verhaltensreaktion gelernt, sondern eine bereits vorhandene geht verloren. Wenn ein Reiz, der auf ein Tier einwirkt, keinerlei Konsequenzen hat, also weder mit positiven noch negativen Folgen einhergeht, dann wird die Reaktion auf diesen Reiz allmählich immer schwächer. Wenn beispielsweise eine Schnecke über eine Glasplatte kriecht und dann auf die Platte geklopft wird, zieht sich das Tier sofort in sein Gehäuse zurück. Nach einer Weile kommt es wieder hervor und bewegt sich weiter fort. Wird nun abermals auf die Scheibe geklopft, so zieht sich die Schnecke wieder in ihr Haus zurück. Diesmal wird es aber nicht ganz so lange dauern, bis sie wieder hervorkommt. Wird auf diese Weise fortgefahren, dann verkürzt sich die Zeit immer weiter, bis die Schnecke am Ende überhaupt nicht mehr auf den Klopfreiz reagiert. Sie hat sich an ihn gewöhnt. Anders formuliert: Sie hat gelernt, dass er mit keinerlei Folgen verbunden ist. Genauso reagierten Buchfinken in einer Untersuchung, in der ihnen jeden Tag 20 Minuten lang ein lebender Steinkauz gezeigt wurde. Beim ersten Anblick der Eule gaben sie viele Alarmrufe von sich, um ihre Artgenossen zu warnen. Nachdem der vermeintliche Feind aber keinerlei Reaktionen zeigte, nahm die Häufigkeit der Rufe von Tag zu Tag ab. Nach zehn Tagen schenkten die Finken der Eule nahezu keine Beachtung mehr. Sie hatten gelernt, dass es sich um keinen biologisch relevanten Reiz handelte.

Solche Gewöhnungsreaktionen sind im Tierreich weit verbreitet. Obwohl sie auf den ersten Blick unspektakulär erscheinen, sind sie für die Tiere mit einem großen Vorteil verbunden: Sie helfen, unnötige Verhaltensweisen zu vermeiden, und tragen damit wesentlich dazu bei, Energie zu sparen und sich auf die wesentlichen Dinge des Lebens zu konzentrieren. Dieser Lernvorgang der Gewöhnung erklärt übrigens auch, warum die meisten Vogelscheuchen nur eine kurze Zeit funktionieren.

Assoziatives Lernen: klassische Konditionierung

Normalerweise verbinden wir mit dem Begriff «Lernen» den Erwerb neuer Verhaltensreaktionen. Das trifft auf die Lernform zu, die bei Mensch und Tier mit Abstand am besten wissenschaftlich untersucht wurde: das assoziative Lernen. Im Allgemeinen meint dies die Verknüpfung zwischen einem zuvor unbedeutendem Reiz oder einer eher belanglosen Verhaltensreaktion mit einer Belohnung oder Bestrafung. So lernt das Tier, welche zuvor neutralen Reize von Bedeutung sind und welches Verhalten mit welchen Konsequenzen verbunden ist.

Die bekannteste Form des assoziativen Lernens dürfte die klassische Konditionierung sein. Sie ist untrennbar mit dem Namen des russischen Wissenschaftlers Iwan Petrowitsch Pawlow verbunden. Pawlow war Mediziner und erforschte die Verdauungsdrüsen. Dabei war ihm bei der Untersuchung von Hunden aufgefallen, dass sie nicht erst Speichel absonderten, wenn sie gefüttert wurden, sondern bereits auch dann, wenn sie Schritte hörten, die sich ihrem Zwinger näherten. Diese Beobachtung inspirierte Pawlow zu seinen berühmten Experimenten, die im Prinzip folgendermaßen abliefen: Im ersten Schritt bekam ein Hund eine bestimmte Menge an Futter, und es wurde ermittelt, wie viel Speichel das Tier absonderte. Im zweiten Schritt ertönte in derselben Situation ein Glockenton, es gab aber kein Futter. Erwartungsgemäß löste diese Situation keinerlei Speichelfluss aus. Wurden dann in einem dritten Schritt Nahrung und Glockenton gemeinsam präsentiert, speichelte der Hund wieder wie beim ersten Mal. Wurde die gemeinsame Präsentation von Nahrung und Ton mehrfach wiederholt, dann löste in einem vierten Schritt auch der Ton allein den Speichelfluss aus. Der Hund hatte gelernt, auf einen zuvor neutralen Reiz – den Ton – mit Speichelabsonderung zu reagieren. Damit war aus dem neutralen Reiz ein konditionierter Reiz geworden. Entsprechend wird die Nahrung als unkonditionierter Reiz bezeichnet.

Das wesentliche Merkmal dieser klassischen Konditionierung ist die Bildung der Assoziation zwischen einer Belohnung, in diesem Fall dem Futter, und dem konditionierten Reiz, hier dem Ton. Wie eine Vielzahl von Untersuchungen zeigt, kann nahezu jeder Stimulus in der Umwelt der Tiere zu einem konditionierten Reiz werden und eine konditionierte Verhaltensantwort hervorrufen. So lernte der Pawlow'sche Hund nicht nur, auf einen Ton hin Speichel abzusondern, diese Antwort konnte vielmehr genauso gut durch optische Signale, etwa das Aufleuchten einer Lampe, konditioniert werden. Viele Tiere lassen sich auch problemlos auf Geruchsreize konditionieren.

Die besten Lernerfolge erzielt man immer dann, wenn der zu konditionierende Reiz dem unkonditionierten unmittelbar vorausgeht oder die Reize gleichzeitig auftreten. Das leuchtet ein, denn wenn in den Pawlow'schen Experimenten der Glockenton Stunden vor oder nach der Futtergabe ertönt wäre, hätten die Hunde sicher keine Assoziation hergestellt. Intuitiv einsichtig ist auch, dass eine konditionierte Reaktion allmählich schwächer wird und am Ende gar nicht mehr durch den konditionierten Reiz ausgelöst werden kann, wenn der unkonditionierte Reiz, das heißt die Belohnung, langfristig ausbleibt. Der Pawlow'sche Hund würde nicht über Wochen und Monate auf den Glockenton hin Speichel absondern, wenn nicht zumindest ab und zu auch ein Stück Fleisch gemeinsam mit dem Ton gegeben würde.

Nicht nur mit Belohnung oder wie man sagt: positiver Verstärkung, sondern auch mit Bestrafung, also negativer Verstärkung, können konditionierte Reaktionen hervorgerufen werden. Erhält ein Hund einen leichten Schlag auf seinen Fuß, so wird er die Pfote heben. Ertönt während dieses Vorgangs ein Ton und wird die Prozedur mehrfach wiederholt, so wird diese Reaktion des Hundes nach einiger Zeit allein auf den Ton folgen.

Wenn ein Pawlow'scher Hund auf einen Ton von 1000 Hertz konditioniert wird, dann reagiert er nicht nur auf diese eine Frequenz, sondern er sondert auch Speichel ab, wenn ein Ton von 1020 Hertz erklingt. Dieses Phänomen, ähnliche Stimuli wie die konditionierten mit einzubeziehen, wird als Generalisierung bezeichnet. Dabei ist die Speichelabsonderung umso stärker, je ähnlicher der Ton jenem ist, auf den der Hund hin konditioniert wurde, und umso schwächer, je stärker er sich von diesem unterscheidet. Logischerweise kann aus diesen unterschiedlichen Reaktionen auch geschlossen werden, dass der Hund in der Lage ist, Töne von 1000 und 1020 Hertz zu unterscheiden, sonst hätte er ja auf beide mit der gleichen Menge an Speichelabsonderung reagiert. Wenn man nun hingeht und nur die Reaktion auf 1000 Hertz mit Futter belohnt, nicht aber die auf 1020 Hertz, dann wird der Hund nach einiger Zeit nur noch auf 1000-Hertz-Töne reagieren. Werden die Töne immer weiter angeglichen, so kann ermittelt werden, bis zu welcher kleinsten Differenz der Hund sie noch unterscheiden kann. Mit Hilfe einer solchen «konditionierten Diskriminierung», wie es im Fachjargon heißt, kann also herausgefunden werden, zu welchen Sinnesleistungen Tiere fähig sind und wo die Grenzen ihrer Wahrnehmungsfähigkeit liegen.

So hat Karl von Frisch bereits vor mehr als hundert Jahren mit Hilfe von Konditionierungsexperimenten untersucht, ob Bienen Farben sehen können. Wenn er beispielsweise eine Zuckerlösung in einem Glasschälchen auf einem gelben Karton anbot, dann assoziierten die Bienen die Farbe Gelb schnell mit

Nahrung. Entsprechend bevorzugten sie danach Behälter, die sich auf gelbem Untergrund befanden, im Vergleich zu solchen auf blauem, grünem oder violettem Grund. Wurden die Tiere hingegen auf blau konditioniert, so bevorzugten sie fortan diese Farbe. Mit Hilfe der klassischen Konditionierung konnte von Frisch somit zweifelsfrei nachweisen, was der damaligen Lehrmeinung vollkommen widersprach: Bienen können Farben sehen und sind keineswegs farbenblind!

Entsprechend kann mit einem einfachen Konditionierungsversuch auch gezeigt werden, dass Goldfische hören können. Stellt man sich an den Rand eines Teiches und pfeift, werden die Tiere nicht reagieren. Wird Fischfutter auf die Wasseroberfläche gestreut, schwimmen sie nach einiger Zeit herbei, um danach zu schnappen. Wenn an den nächsten Tagen vor jeder Fütterung laut gepfiffen wird, dann werden die Fische letztlich auch herbeischwimmen, wenn der Pfiff ohne Futter ertönt. Goldfische müssen also hören können, denn sonst wäre es nicht möglich, sie auf den Pfiff zu konditionieren.

Konditionierte Reaktionen, wie sie von Pawlow beschrieben wurden, sind im Tierreich weit verbreitet, von den wirbellosen Tieren bis hin zu Schimpansen. Auch das Phänomen der Mimikry – die täuschende Signalnachahmung – beruht zum Teil auf diesem Lernvorgang. Vögeln zum Beispiel ist das Wissen nicht angeboren, dass der nordamerikanische Monarchfalter, ein auffallend gefärbter Schmetterling, ungenießbar ist. Ihn zu fressen führt aber zu Erbrechen und Übelkeit. Wenn ein Vogel diese Erfahrung ein- oder zweimal gemacht hat, dann wird er indessen zukünftig alle so oder ähnlich aussehenden Schmetterlinge meiden. Interessanterweise gibt es eine andere Falterart, die dem Monarchfalter verblüffend ähnlich sieht, im Gegensatz zu ihm aber genießbar ist. Ein Vogel, der schlechte Erfahrungen beim Verzehr eines Monarchfalters gemacht hat, wird fortan jedoch auch diese ungiftige Art unbehelligt lassen. Sie profitiert also aufgrund eines klassischen Konditionierungsvorgangs davon, dass sie das Aussehen einer «gefährlichen» Art nachahmt, obwohl von ihr selbst keinerlei Gefahr ausgeht.

Assoziatives Lernen: operante Konditionierung

Die zweite wichtige Form des assoziativen Lernens ist neben der klassischen die operante Konditionierung. Sie ist vor allem mit dem Namen des amerikanischen Psychologen Burrhus Frederic Skinner verbunden. Während bei der klassischen Konditionierung ein neuer Reiz mit einer bereits vorhandenen Reaktion verknüpft wird, lernt das Tier bei der operanten Konditionierung, dass ein zunächst zufälliges Verhalten mit einer Belohnung verbunden ist und somit zum Ziel führt. Verdeutlichen lässt sich diese Lernform sehr gut an Untersuchungen, die vor allem mit Ratten und Tauben in sogenannten Skinner-Boxen durchgeführt wurden. Das sind Apparaturen, in denen sich beispielsweise ein Hebel befindet, der gedrückt, oder eine Scheibe, gegen die gepickt werden kann. Werden diese Verhaltensweisen ausgeführt, erhalten die Tiere an einer anderen Stelle der Apparatur eine Belohnung, beispielsweise aus einem Futterspender. Wird eine Ratte erstmals in eine solche Apparatur gesetzt, dann läuft sie umher, erkundet die Umgebung und nimmt alle möglichen Manipulationen vor. Irgendwann wird sie dabei zufällig den Hebel drücken, und irgendwann wird sie zufällig ein Futterpellet finden. Nach einer gewissen Zeit wird die Ratte lernen, dass eine Assoziation zwischen dem Drücken des Hebels und der Futterbelohnung besteht. War das erste Drücken des Hebels noch Zufall, so wird dieses Verhalten von nun an gezielt eingesetzt, um an Futter zu kommen.

Die operante Konditionierung wird deshalb auch als Lernen

durch Versuch und Irrtum oder als Lernen am Erfolg bezeichnet. Im Prinzip führt sie dazu, dass ein Verhalten, das mit einer Belohnung verbunden ist, immer häufiger wiederholt wird, während ein anderes Verhalten, das nicht mit einer Belohnung verstärkt wird, mehr und mehr in den Hintergrund tritt. Damit eine Assoziation zwischen dem Verhalten und der Belohnung gebildet werden kann, muss die Belohnung im Allgemeinen möglichst schnell auf das Verhalten folgen. Ist der zeitliche Abstand zu groß, findet kein Lernen statt. Skinner stellte eine rapide Abnahme des Lernerfolgs fest, wenn zwischen dem Hebeldrücken und der Futterbelohnung mehr als acht Sekunden verstrichen.

Es gibt allerdings bemerkenswerte Ausnahmen: Wenn wilde Ratten beispielsweise unbekanntes Futter finden, dann fressen sie zunächst nur sehr wenig und warten erst einmal ab, ob ihnen schlecht wird. Dabei können sie auch nach Stunden noch eine Beziehung zwischen dem Fressen einer bestimmten Nahrung und einsetzender Übelkeit herstellen. Wenn ihnen nicht schlecht wird, nehmen sie in den darauffolgenden Nächten mehr und mehr von dieser Nahrung zu sich, bis sie schließlich normale Portionen fressen. Wenn sie jedoch zu irgendeinem Zeitpunkt feststellen sollten, dass ihnen übel wird, werden sie diese Nahrung fortan konsequent meiden.

Wie diese Beobachtungen zeigen, können in manchen Fällen auch dann Assoziationen zwischen dem Verhalten und seinen Konsequenzen hergestellt werden, wenn ein relativ langer Zeitraum verstrichen ist. Darüber hinaus verdeutlicht dieses Beispiel auch: Durch operante Konditionierung lernen Tiere nicht nur, welche Verhaltensweisen zu einer Belohnung führen, sondern auch, wie sie unangenehme Situationen oder Gefahren vermeiden. Wie bei der klassischen Konditionierung muss auch bei der operanten Konditionierung der Lernerfolg immer wieder nach einer gewissen Zeit bestätigt werden. Stellen wir uns beispielsweise eine Ratte vor, die gelernt hat, einen Hebel zu drücken, um eine Futterbelohnung zu erhalten. Sie wird den Hebel auch dann drücken, wenn nur jeder zweite, zehnte und selbst hundertste Hebeldruck mit einem Futterpellet belohnt wird. Wird das Drücken des Hebels aber gar nicht mehr belohnt, so wird die Ratte irgendwann ganz damit aufhören.

Lernen durch operante Konditionierung ist für Tiere von erheblicher Bedeutung. Es spielt eine entscheidende Rolle bei der Suche nach Nahrung, dem Erlernen sozialer Regeln, der Vervollkommnung bestimmter Handlungsabläufe oder der Erschließung neuer Lebensräume. Letztlich hilft diese Form des Lernens überall dort weiter, wo Handlungsabläufe erst einmal ausprobiert werden müssen. Auch die Erziehung von Tieren in menschlicher Obhut beruht zu einem großen Teil auf operanter Konditionierung.

Können Tiere denken?

Wenn es darum ging, wie und was Tiere lernen, konzentrierte sich die Forschung viele Jahrzehnte lang fast ausschließlich auf Konditionierungsvorgänge. Deshalb sind diese Formen des Lernens mittlerweile auch sehr gut erforscht und bis hin zu ihren neuronalen und molekularen Grundlagen entschlüsselt. Aufgrund dieser Fokussierung konnte im Laufe der Zeit allerdings auch der Eindruck entstehen, dass dieses neben der Habituation die einzigen Lernformen sind, über die Tiere verfügen. Fragen danach, ob Tiere nicht auch höhere kognitive Fähigkeiten besitzen, traten in den Hintergrund und wurden häufig sogar verneint, ohne dass entsprechende Studien durchgeführt wurden. Das änderte sich gründlich, nachdem 1984 das Buch «Animal Thinking» des US-amerikanischen Zoologen Donald Griffin erschienen war. Er vertrat darin die Ansicht, dass einige Tiere die

Fähigkeit haben könnten, zu denken und vielleicht sogar über eine Form von Bewusstsein verfügen. Deshalb sei es an der Zeit, diese mentalen Prozesse wissenschaftlich zu erforschen. In den folgenden Jahren kamen immer mehr Wissenschaftlerinnen und Wissenschaftler diesem Aufruf nach. Die Untersuchung der kognitiven Leistungen von Tieren erlebte einen wahren Forschungsboom, der noch immer anhält und eine neue Disziplin der Verhaltensbiologie begründete: «Animal Cognition»/«Kognitionsbiologie». Allerdings waren auch lange Zeit vor dieser Publikation schon bahnbrechende Studien zu diesem Thema durchgeführt worden.

Kurz vor dem Ersten Weltkrieg wurde Wolfgang Köhler Leiter der Anthropoiden-Forschungsstation auf Teneriffa, die zur Preußischen Akademie der Wissenschaften gehörte. Von 1914 bis 1917 untersuchte er dort «intelligentes Verhalten» an Menschenaffen und fragte sich, ob diese Tiere nicht auch – ähnlich wie der Mensch – Einsicht in bestimmte Situationen zeigen und quasi durch Denken Probleme lösen können. In seiner bekanntesten Untersuchung studierte er den Werkzeuggebrauch von Schimpansen. Er war einer der ersten, der dabei die Technologie des Filmens einsetzte, um seine Erkenntnisse zu dokumentieren. In einem Versuch wurde eine Banane außerhalb des Geheges platziert, in dem sich eine Gruppe von Schimpansen befand. Die Tiere bemerkten die Frucht und versuchten sie durch die Gitterstäbe zu ergreifen, was allerdings nicht gelang, da sie zu weit entfernt war. In dem Gehege befanden sich mehrere Rohre, mit denen die Schimpansen ab und zu spielten. Plötzlich nahm Sultan, der klügste von Köhlers Schimpansen, zwei unterschiedliche Rohre, steckte das dünnere in das dickere Rohr und ging auf die Gitterstäbe zu. Er setzt das verlängerte Rohr als Werkzeug zielgerichtet ein und zog die Banane zu sich hin. Offenbar hatte er das Problem erkannt und es durch einsichtiges Verhalten gelöst.

Dass er dazu tatsächlich in der Lage war, zeigte ein zweiter Versuch. Köhler hängte in dem Gehege eine Banane so hoch, dass sie für die Schimpansen nicht erreichbar war. Zunächst versuchten die Tiere dennoch, durch Springen an die Frucht zu kommen, was aber nicht gelang. In dem Gehege lagen mehrere Kisten von unterschiedlicher Größe herum. Wieder war es Sultan, der eine der Kisten nahm, sie direkt unter die Banane zog und auf die Kiste stieg. Dort bemerkte er, dass er immer noch nicht an die Frucht herankam. Daraufhin schleppte er eine zweite und dritte Kiste herbei, stapelte sie übereinander, kletterte auf die wackelige Konstruktion und konnte dann die Banane im Sprung erreichen. Abermals hatte Sultan sein Ziel durch intelligentes Problemlöseverhalten erreicht. Aus heutiger Sicht stellen die Untersuchungen von Wolfgang Köhler den Beginn der Kognitionsforschung an Tieren dar. Erstmals konnte gezeigt werden, dass Tiere prinzipiell in der Lage sind, nicht nur durch Versuch und Irrtum, sondern auch durch Einsicht zu lernen.

Jedoch wurden diese Erkenntnisse lange Zeit ignoriert, und es dauerte Jahrzehnte, bis Wissenschaftler daran anknüpften. In den 1960er Jahren waren es unter anderem Bernhard Rensch und sein Team, die an der Universität Münster Köhlers Schlussfolgerungen eindrucksvoll bestätigten. In ausgeklügelten Untersuchungen wurde nachgewiesen, dass die Schimpansin Julia ihre Handlungen nach vorheriger Planung und Abwägung zielgerichtet ausführen konnte. Während einer Studie hatte Julia zunächst gelernt, einen Eisenring in den Schlitz eines Automaten zu werfen, woraufhin dieser ein Stück Banane, eine Weintraube oder einen Keks als Belohnung freigab. Anschließend wurde sie vor ein Labyrinth gesetzt, auf dem eine Glasplatte lag. In dem Labyrinth befand sich der Eisenring, der in den Belohnungsapparat passte. Julia begriff schnell, dass sich der Ring mit Hilfe eines Magneten durch die Gänge des Labyrinths zu einem Seitenausgang bugsieren ließ und sie ihn dort ergreifen konnte.

Anschließend lief sie zum Futterautomaten, warf den Ring ein und wurde mit Leckereien belohnt. In einem nächsten Schritt wurde Julia dann vor ein Labyrinth gesetzt, das aus zwei symmetrisch angeordneten, mehrfach gewinkelten Gängen bestand, von denen aber nur einer zum Seitenausgang führte, während der andere unterbrochen war. Julia schaute sich das Labyrinth eine Weile an, nahm dann den Magneten, wählte den richtigen Weg und zog den Ring zum Seitenausgang.

Nach und nach gestalteten die Wissenschaftler das Labyrinth immer komplizierter, bis es viele Abzweigungen, gewinkelte Sackgassen und mehrere Ausgänge enthielt, von denen aber immer nur einer mit dem Ring erreichbar war. Für jeden Durchgang wurde ein Labyrinth mit neuer Wegführung verwandt, sodass Julia immer wieder neu planen musste. Die Ergebnisse waren verblüffend: Jedes Mal bevor Julia begann, musterte sie das Labyrinth erst etwa eine Minute lang. Dann ergriff sie den Magneten und versuchte den Ring mit zügigen Bewegungen bis zum Ausgang zu ziehen. Dabei schlug sie bei immerhin 86 der 100 komplizierteren Labyrinthe den richtigen Weg ein.

Bernhard Rensch und sein Team führten denselben Versuch auch mit sechs Studierenden durch. Bemerkenswerterweise schnitten sie im Mittel nur unwesentlich besser ab als Julia. Bezüglich mancher Messgrößen war die Schimpansin einzelnen Studierenden sogar überlegen.

In den letzten Jahrzehnten wurden zahlreiche Studien zu den kognitiven Leistungen der Tiere durchgeführt. Dabei wurden die Erkenntnisse von Köhler und Rensch immer wieder bestätigt und die Fähigkeit zum einsichtigen Verhalten auch für andere Tierarten nachgewiesen. So hatten Orang-Utans in einer einfach angelegten, aber genialen Studie Zugang zu einem Plexiglasröhrchen von etwa 25 Zentimeter Länge und 5 Zentimeter Durchmesser, das zu einem Viertel mit Wasser gefüllt war. Auf dem Wasser schwamm eine Erdnuss – eine Leckerei, die die Tiere sehr zu schätzen wissen. Der Versuch, die Erdnuss mit den Fingern aus dem Röhrchen zu fischen, misslang. Doch alle fünf untersuchten Tiere fanden spontan eine Lösung für das Problem: Sie gingen zu einem abseitsstehenden Wasserspender, nahmen einen Schluck Flüssigkeit, spuckten ihn in das Reagenzglas und wiederholten den Vorgang, bis der Wasserspiegel so weit gestiegen war, dass sie die Nuss problemlos entnehmen konnten.

Heute zweifelt kein Verhaltensforscher mehr daran, dass Tiere mit hochentwickelten Gehirnen wie Affen, Raubtiere, Elefanten oder Wale in der Lage sind, durch Einsicht zu lernen. Sie können Situationen spontan erfassen, die erforderlichen Handlungsabläufe mental vollziehen und das Verhalten dann zielgerichtet ausführen. Anders formuliert: Diese Tiere können denken!

Werkzeuggebrauch, Lernen von anderen, Kultur

Wolfgang Köhlers Untersuchungen hatten nicht nur erbracht, dass Schimpansen Probleme intelligent lösen können; sie zeigten auch, dass die Tiere zum Erreichen ihrer Ziele Objekte aus der Umwelt einsetzen, die sie bei Bedarf modifizieren. Das Ineinanderstecken der Rohre, um an die Banane zu gelangen, ist eines der ersten wissenschaftlich dokumentierten Beispiele für den Gebrauch von Werkzeugen durch Tiere. Fast ein halbes Jahrhundert später beschrieb Jane Goodall dann sehr eindrucksvoll, dass Tiere auch in ihrem natürlichen Lebensraum Werkzeuge benutzen. Freilebende Schimpansen im Gombe-Stream-Nationalpark in Tansania setzen gezielt Halme, Stiele und kleine Zweige ein, um Ameisen und Termiten aus ihren Nestern zu fischen. Dabei verändern sie diese Werkzeuge zum Teil gezielt, indem störende Blätter mit Mund oder Händen entfernt werden. In anderen Fällen stellen sie Schwämme her, um an Wasser in kleinen Baumlöchern zu gelangen. Zu diesem Zweck pflücken sie Blätter, kauen kurz auf ihnen herum, führen die schwammige Blattmasse mit den Fingern in das Wasserloch ein, holen es wieder hervor und saugen das Wasser auf. Blätter werden auch benutzt, um den Körper zu säubern, und mit Steinen wird gezielt nach Menschen oder Pavianen geworfen. Neuere Beobachtungen dokumentieren darüber hinaus den Gebrauch von Stöcken und Steinen, die gezielt als Hammer und Amboss eingesetzt werden, um Palmnüsse zu knacken. Es gibt Hinweise, dass Schimpansen diese Technik in Westafrika bereits seit Jahrtausenden benutzen und als kulturelle Tradition von Generation zu Generation weitergeben. Mittlerweile wurde Werkzeuggebrauch im natürlichen Lebensraum für weitere Tierarten beschrieben. Dabei zeigte sich: Nicht nur Menschenaffen sind hierzu in der Lage, sondern beispielsweise auch Kapuziner- und Javaneraffen, Seeotter oder Delfine.

Wenn ein Tier in einer Population eine neue «Erfindung» macht, beispielsweise, wie sich eine Nuss mit Hammer und Amboss knacken lässt, dann kann sich diese Innovation innerhalb der gesamten Population ausbreiten. Voraussetzung ist allerdings die Fähigkeit, von Vorbildern zu lernen und deren Verhalten nachzuahmen. Zum ersten Mal wurde die Erfindung und Ausbreitung eines neuen Verhaltens bei japanischen Rotgesichtsmakaken beobachtet. 1953 erfand das anderthalbjährige Weibchen Imo auf der Insel Koshima eine ungewöhnliche Art der Nahrungszubereitung: Es tauchte eine sandverschmutzte Süßkartoffel in Wasser ein und wischte den Sand mit den Händen ab. Einen Monat später begann auch ein Spielkamerad von Imo mit dem Kartoffelwaschen; nach vier Wochen wurde Imos Mutter bei dieser Tätigkeit beobachtet. Vier Jahre später gab es bereits 15 Kartoffelwäscher, und nach zehn Jahren war das Kartoffelwaschen ein typisches Verhaltensmerkmal des gesamten

Trupps. Dabei gaben insbesondere die Mütter diese Tradition an ihre Kinder weiter.

Mittlerweile sind zahlreiche Beispiele für die kulturelle Überlieferung von Verhaltensmerkmalen im Tierreich bekannt. Durch sie können sich Populationen derselben Art deutlich in bestimmten Verhaltensmerkmalen voneinander unterscheiden, selbst dann, wenn nur ein Fluss ihre Lebensräume voneinander trennt.

Kulturell bedingte Unterschiede im Verhalten wurden besonders gut bei Orang-Utans erforscht. Beim Vergleich von sechs Populationen, die in unterschiedlichen Gebieten in Borneo und Sumatra leben, wurden 19 Verhaltensmerkmale entdeckt, die höchstwahrscheinlich durch kulturelle Überlieferung weitergegeben werden. So benutzen in einer Population fast alle Orang-Utans – ähnlich wie die Schimpansen – Werkzeuge, um Insekten zu erbeuten, in den fünf anderen Populationen kommt das niemals vor. In manchen Populationen bauen die Tiere einen Schutz gegen Sonneneinstrahlung, in anderen Populationen tun sie das nicht. In manchen Populationen benutzen sie Blätter als Handschuh, um sich nicht an dornigen Früchten oder Zweigen zu verletzen, in anderen ist dieses Verhalten unbekannt. In einer Population verwenden die Tiere Blätter als Servietten, um sich Kautschukmilch von ihrem Kinn abzuwischen, in den anderen fünf nicht.

Unterschiedliches Verhalten von Tieren derselben Art, die in unterschiedlichen Gebieten leben, muss also nicht zwangsläufig genetisch bedingt sein, sondern es kann auch durch soziales Lernen von Generation zu Generation weitergegeben werden.

Haben Tiere ein Ich-Bewusstsein?

Bisher haben wir gesehen: Tiere können denken, von Artgenossen lernen und Werkzeuge benutzen. Sie können Neues erfinden und es von Generation zu Generation weitergeben. All dies wäre ohne hohe kognitive Fähigkeiten nicht möglich. Deshalb wundert es nicht, dass im Laufe der letzten Jahre Fragen nach einem möglichen Bewusstsein der Tiere immer stärker in den Fokus der verhaltensbiologischen Forschung traten. Könnte es sein, dass ein Schimpanse, ein Elefant, ein Delfin oder ein Hund weiß, wer er ist? Dass er weiß, was andere wissen? Dass er versteht, dass andere in derselben Situation einen anderen Standpunkt haben? Und könnte es sein, dass er sein Verhalten nach diesem Wissen ausrichtet?

Lange hatte man geglaubt, solche Fragen nicht mit Hilfe biologischer Methoden untersuchen zu können. Denn aus der Beobachtung des Verhaltens allein lässt sich nicht erschließen, ob ihm höhere kognitive Leistungen zugrunde liegen. Darüber hinaus gebietet es gute verhaltensbiologische Forschung, erst zu überprüfen, ob es nicht auch einfachere Erklärungen gibt.

Der renommierte Zürcher Affenforscher Hans Kummer illustrierte diesen wichtigen Punkt in seinen Vorträgen häufig mit dem folgenden Beispiel: Ein unterlegener Pavian wird von einem dominanten Artgenossen in einer wilden Jagd verfolgt. Wenn es dem Dominanten gelingt, den Unterlegenen zu fangen, wird er ihn heftig attackieren, beißen und eventuell verwunden. Während der Verfolgungsjagd laufen die Tiere an einem Busch vorbei. Plötzlich bleibt der Unterlegene abrupt stehen und starrt in den Busch hinein. Daraufhin stoppt auch der Dominante und starrt ebenfalls in den Busch. Diesen Augenblick nutzt der Unterlegene, um dem Dominanten zu entkommen. Beim Beobachten dieser Szene ist man leicht versucht, das Verhalten des Unterlegenen als bewusstes Täuschungsmanöver zu interpretieren. Er tut so, als ob er im Busch eine Gefahr erspäht hat, die es in Wirklichkeit gar nicht gibt, und veranlasst den Dominanten so, von der Verfolgungsjagd abzulassen. Wenn dem so wäre, dann wäre das eine hohe kognitive Leistung, die bisher nur für ganz wenige Tierarten wissenschaftlich nachgewiesen wurde. Es könnte aber auch eine wesentlich einfachere Erklärung geben: Die Paviane haben tatsächlich etwas im Busch gesehen, was der menschliche Beobachter nicht bemerkte.

Tatsächlich gibt es bis heute kein allumfassendes Experiment, nach dessen Durchführung geschlussfolgert werden könnte: «Dieses Tier hat ein Ich-Bewusstsein und jenes hat keins.» Im Lauf der letzten Jahrzehnte sind allerdings neue Methoden entwickelt worden, sich der Frage nach dem Bewusstsein der Tiere zu nähern. Wenn Tiere über ein Ich-Bewusstsein verfügen, dann sollten sie sich zum Beispiel im Spiegel erkennen können. Sie sollten wissen, dass sie sich selbst sehen und nicht irgendeinen fremden Artgenossen.

Bereits 1970 führte der US-amerikanische Psychologe Gordon Gallup ein Experiment mit Schimpansen durch, um diese Hypothese zu überprüfen. Zunächst stellte er einen Spiegel zehn Tage lang vor das Gehege der Tiere und beobachtete, wie die Schimpansen darauf reagierten. Zu Beginn behandelten sie das Spiegelbild wie einen fremden Artgenossen, kreischten und drohten es an. Diese Reaktion ließ aber sehr schnell nach, stattdessen benutzten sie das Spiegelbild nun, um sich selbst besser kennenzulernen. So kraulten sie sich an Stellen ihres Körpers, die sie ohne den Spiegel nicht sehen konnten, entfernten Futterreste, die sich zwischen ihren Zähnen befanden, oder machten Faxen und betrachteten sich dabei.

Ihr Verhalten legte also nahe, dass sie sich selbst erkannten. Den endgültigen Beweis dafür lieferte ein Test, den Gallup am zehnten Tag vornahm. Er färbte bei jedem der vier Schimpansen einen Teil der Augenbraue und des Ohrs rot ein, und zwar so, dass die Tiere die Färbung selbst nicht sehen konnten. Dann beobachtete er, was geschah: Solange kein Spiegel vorhanden war, berührten die Schimpansen die eingefärbten Stellen fast nie, und wenn, dann eher zufällig. Sobald sie sich aber im Spiegel betrachten konnten, fassten sie sogleich zielgerichtet an die roten Stellen ihres Körpers. Es bestand kein Zweifel: Alle vier Schimpansen erkannten sich selbst.

Gallup führte den Spiegeltest auf genau dieselbe Weise auch mit drei anderen Affenarten durch: Rhesusaffen, Javaneraffen und Stummelschwanzmakaken. Bemerkenswerterweise hatten diese Tiere keine Ahnung, wen sie da im Spiegel sahen. Kein einziges Tier erkannte sich selbst. Dieses Ergebnis wurde in den letzten Jahren mehrfach bestätigt. Tatsächlich scheint zwischen Menschenaffen – wie Schimpansen, Orang-Utans, Bonobos oder Gorillas – und den anderen Affen eine Kluft zu bestehen: Erstere können sich im Spiegel erkennen, Letztere offenbar nicht. Allerdings sind die Menschenaffen nicht die einzigen Tiere, die dazu imstande sind. Mit Hilfe des Spiegeltests konnte für Elefanten, Delfine und überraschend auch für Elstern nachgewiesen werden, dass sie zur Selbsterkennung fähig sind. Die meisten Tierarten scheinen hierzu allerdings nicht in der Lage zu sein. Übrigens können sich menschliche Kleinkinder im ersten Lebensjahr auch nicht im Spiegel erkennen. Diese Fähigkeit entwickeln sie erst im Alter von etwa eineinhalb bis zwei Jahren.

Wenn Tiere über ein Ich-Bewusstsein verfügen, sollten sie sich nicht nur im Spiegel erkennen, sondern auch die Welt aus der Perspektive eines anderen betrachten können. Tatsächlich mehren sich die Hinweise, dass einige Tiere hierzu in der Lage sind. In einer Studie mit Schimpansinnen konkurrierten jeweils zwei Tiere, die sich kannten, um Futter. Eines der Tiere war dominant, das andere unterlegen. Die Tiere befanden sich in zwei gegenüberliegenden Gehegen, die durch ein drittes, leeres Gehege voneinander getrennt waren. In dem leeren Gehege gab es zwei undurchsichtige Barrieren, hinter die ein Experimentator auf unterschiedliche Art und Weise Früchte platzierte, und zwar immer so, dass das unterlegene Tier sie sehen konnte. Die dominante Schimpansin konnte in manchen Situationen ebenfalls beobachten, hinter welche Barriere das Obst gelegt wurde, in anderen aber war ihr die Sicht versperrt, und dann konnte sie nicht wissen, wo sich das Obst befand. In wieder anderen Situationen wurde das Obst an eine andere Stelle verschoben, als ihr die Sicht kurz versperrt war. Während all dieser Situationen hatte das unterlegene Tier freie Sicht auf den gesamten Vorgang und auch darauf, was die dominante Artgenossin sah und was nicht.

Die Wissenschaftler argumentierten: Wenn die unterlegene Schimpansin tatsächlich weiß, was die Dominante weiß, dann müsste sie sich vor allem dann der Barriere mit dem Futter nähern, wenn die Dominante nicht hatte sehen können, ob dort Futter versteckt worden ist, oder wenn es, von ihr unbemerkt, an eine andere Stelle verschoben worden war. Wenn die dominante Schimpansin aber korrekt informiert ist, dann würde sich die Unterlegene zurückhalten.

Als die Türen geöffnet wurden und beide Tiere Zugang zum mittleren Gehege mit dem Obst hatten, verhielt sich die unterlegene Schimpansin tatsächlich entsprechend dieser Voraussagen. Als Folge ergatterte sie in den Situationen, in denen die Konkurrentin falsch oder gar nicht informiert war, deutlich mehr Obst als in Situationen, in denen die Dominante wusste, wo das Obst war. Unterlegene Schimpansinnen wissen offenbar, was ihre dominanten Artgenossinnen gesehen haben, und richten ihr Verhalten danach aus.

Viele Verhaltensforscherinnen und Verhaltensforscher gehen heute davon aus, dass Menschenaffen tatsächlich eine

Vorstellung davon haben, wie Artgenossen die Umwelt wahrnehmen, welche Ziele sie haben und über welches Wissen sie verfügen. Sie können sich in andere hineinversetzen und die Welt aus deren Perspektive betrachten. Neuere Forschungen mit Schimpansen, Orang-Utans und Bonobos zeigen, dass sie sogar eine weitere, höchst erstaunliche Fähigkeit besitzen, die bisher ausschließlich für den Menschen reklamiert worden ist: zu wissen, dass ein anderer eine falsche Überzeugung hat und sich entsprechend seiner falschen Überzeugung verhalten wird.

Was genau ist damit gemeint? Stellen wir uns eine Gruppe von Kindern vor, die ein Kasperletheater anschauen. Die Kinder sehen, wie der Räuber ein Bonbon stiehlt, es unter einem roten Eimer versteckt und dann verschwindet. Nun kommt der Kasper, schaut unter den Eimer, nimmt das Bonbon, legt es unter einen zweiten, einen blauen Eimer und geht fort. Jetzt kommt der Räuber wieder, um sich das Bonbon zu holen. Wenn man Kinder im Alter von sechs bis neun Jahren fragt, wo der Räuber suchen wird, dann antworten fast alle: unter dem roten Eimer. Sie wissen zwar, dass sich das Bonbon dort nicht befindet; sie wissen aber auch, dass der Räuber mit seiner Annahme falschliegt und sich entsprechend verhalten wird. Kinder im Alter von drei bis vier Jahren indessen beantworten die Frage noch ganz anders: «Der Räuber wird unter den blauen Eimer schauen», unter dem das Bonbon ja auch liegt. Denn in diesem Alter können sie sich noch nicht vorstellen, dass jemand anderes eine falsche Vorstellung hat und sich entsprechend dieser Vorstellung verhalten wird.

Wie lässt sich eine solche Untersuchung auf Tiere übertragen? Ein interdisziplinäres Team aus den USA, Großbritannien, Japan und Deutschland machte sich hierfür zunutze, dass Menschenaffen gerne Videos schauen. Sie spielten Schimpansen, Bonobos und Orang-Utans Filme vor, in denen ein als King Kong verkleideter Mensch einem nicht verkleideten Menschen einen Stein stiehlt und in einer von zwei Boxen versteckt. Dabei wird «King Kong» von dem Menschen beobachtet. Nun bedroht «King Kong» den Menschen, woraufhin dieser aus dem Raum flieht. Anschließend nimmt «King Kong» den Stein, versteckt ihn in der anderen Box, wartet einen Moment, nimmt ihn wieder heraus und verlässt den Raum mit dem Stein. Jetzt kommt der Mensch zurück, um den Stein zu holen. Während die Affen die Videos schauen, wurde mit Hilfe eines Eyetrackers aufgezeichnet, wohin genau die Tiere blicken. Das Ergebnis war eindeutig: Obwohl sie gesehen hatten, dass der Stein sich in keiner der beiden Boxen mehr befindet, blickten sie ganz überwiegend zu der Box, in der der Mensch fälschlicherweise den Stein vermuten muss. Schimpansen, Bonobos und Orang-Utans antizipierten offenbar, dass der Mensch sich entsprechend seiner falschen Vorstellung verhalten wird.

Eine weitere große Überraschung: die kognitiven Leistungen der Vögel

Wenn man danach fragt, welches wohl die intelligentesten Tiere sind, dann antworten die meisten Menschen «Menschenaffen» oder «Schimpansen». Daneben werden auch Delfine, Elefanten oder Raubtiere genannt. Bis vor wenigen Jahren hätten auch Biologinnen und Biologen ganz ähnliche Antworten gegeben. Denn als Dogma galt: Die kognitiven Leistungen der verschiedenen Tierarten gehen grob gesehen mit der Größe ihrer Gehirne und dem Faltungsgrad der Großhirnrinde einher. Und gerade die benannten Tiere zeichnen sich eben durch besonders große Gehirne im Verhältnis zu ihrem Körper und einen sehr hohen Faltungsgrad der Hirnrinden aus.

Umso überraschender sind neuere Forschungsergebnisse an

Vögeln, die nach allgemeiner Auffassung «primitivere» Gehirne als Säugetiere besitzen und über keine Hirnrinde verfügen. Insbesondere Untersuchungen an Rabenvögeln und Papageien legen nahe, dass diese Tiere über ebenso hoch entwickelte kognitive Fähigkeiten verfügen wie Menschenaffen. Berühmtheit hat hier bereits vor vielen Jahren der Graupapagei Alex erlangt, der laut Aussagen seiner Besitzerin, der Verhaltensforscherin Irene Pepperberg, etwa 500 Wörter verstand.

Beim Werkzeuggebrauch stehen Rabenvögel selbst den Schimpansen in nichts nach. So sind Neukaledonienkrähen absolute Meister sowohl der Werkzeugherstellung selbst als auch ihres intelligenten Einsatzes. In ihrem natürlichen Lebensraum im südlichen Pazifik formen die Tiere in einem dreistufigen Prozess aus kleinen Zweigen hakenförmige Arbeitsgeräte. Diese nehmen sie in den Schnabel und setzen sie geschickt als Sonden ein, um Insektenlarven aus Baumlöchern herauszufischen. In menschlicher Obhut formen sie spontan aus einem geraden Stückchen Draht einen Haken, um an begehrte Futterstückchen zu gelangen. Auch Saatkrähen finden intelligente Lösungen beim Nahrungserwerb. Um Mehlwürmer zu erbeuten, die in einem mit etwas Wasser gefüllten engen Glas auf der Oberfläche treiben, holen sie herumliegende Steine herbei. Sie werfen dann exakt so viele in den Behälter hinein, bis der Wasserpegel weit genug angestiegen ist, um an die Nahrung zu gelangen. Rabenvögel sind auch in der Lage, sich im Spiegel zu erkennen. Dies wurde für Elstern nachgewiesen, die ebenfalls zu dieser Tiergruppe gehören. Sie erkannten eindeutig, dass sie sich selbst im Spiegel sehen. Rabenvögel wissen auch in einem gewissen Umfang, was andere wissen. So können Kolkraben und Westliche Buschhäher unterscheiden, von welchen Artgenossen sie beim Futterverstecken beobachtet werden und von welchen nicht. Dies ist wichtig, weil manche Artgenossen gern die Futterverstecke anderer plündern.

Genau wie manche Affen und Hunde verfügen Rabenvögel auch über eine Art «Sinn für Gerechtigkeit», der ohne hochentwickelte kognitive Fähigkeiten nicht denkbar wäre. In einem klassischen Versuch hatten Frans de Waal und Sarah Brosnan dieses Phänomen erstmals bei Kapuzineraffen nachweisen können. Dafür wurde den Tieren zunächst beigebracht, dass sie beim Experimentator einen Spielstein gegen ein Stück Gurke eintauschen konnten, was die Tiere mit Begeisterung machten. Wenn sie dann allerdings im Experiment beobachteten, dass ein Artgenosse für den gleichen Spielstein im Austausch eine weit begehrtere Belohnung – nämlich eine Weintraube – erhielt, dann reagierten sie empört und machten beim Austausch nicht mehr mit. Noch heftiger reagierten sie, wenn sie sahen, dass ein Artgenosse eine Weintraube geschenkt bekam, ohne dafür einen Spielstein hergeben zu müssen. Einige Jahre später untersuchte ein österreichisches Forscherteam um Thomas Bugnyar mit demselben Versuchsansatz Aaskrähen und Kolkraben – und kam zum selben Ergebnis: Auch die Rabenvögel reagierten absolut pikiert, wenn sie sahen, dass Artgenossen unberechtigterweise bevorzugt wurden.

Für die Biologie stellte sich die Frage, wie es sein konnte, dass Rabenvögel und Papageien über vergleichbare kognitive Fähigkeiten wie Affen verfügen, obwohl sie keine Großhirnrinde besitzen. Die Antwort lautet: aufgrund einer parallelen Evolution der unterschiedlichen Tiergruppen. Soweit wir wissen, haben sich die Entwicklungslinien von Vögeln und Säugetieren vor etwa 300 Millionen Jahren getrennt. Ausgehend von einem gemeinsamen Vorfahren fand seitdem ebendiese parallele Evolution der beiden Gruppen statt. Bei beiden entwickelte sich ein voluminöses Großhirn, das den überwiegenden Teil des Gehirns ausmacht. Allerdings ist das Großhirn bei Säugetieren und Vögeln völlig anders organisiert. Da beide Organisationsformen aber vergleichbare kognitive Leistungen hervorbringen können, wird das Vogelhirn heute nicht mehr als «primitiver» betrachtet, sondern als «anders». Die Entdeckung der herausragenden kognitiven Leistungen von Vögeln hat in den Biowissenschaften letztlich zu einer Neubewertung des Vogelgehirns geführt.

Die kognitiven Spitzenleistungen der Tiere sind sowohl in der Wissenschaft als auch von der interessierten Öffentlichkeit mit großer Aufmerksamkeit zur Kenntnis genommen worden. Dabei ist allerdings eine grundlegende verhaltensbiologische Erkenntnis häufig in den Hintergrund geraten: Wie alle anderen Merkmale auch entstehen höhere kognitive Leistungen durch das Wirken der natürlichen Selektion und helfen Tieren, sich an die Bedingungen anzupassen, unter denen sie leben. Tierarten mit hohen kognitiven Fähigkeiten sind aber nicht besser angepasst als Tierarten mit einer nur geringen Ausprägung dieser Fähigkeiten. Denn wie gut eine bestimmte Tierart angepasst ist, zeigt sich primär in der Überlebensfähigkeit und Fortpflanzung der Individuen und nicht in der Höhe ihrer kognitiven Leistungen. Ein Regenwurm hat zwar geringere kognitive Fähigkeiten als ein Kolkrabe oder ein Schimpanse. Er ist aber keineswegs schlechter an seinen Lebensraum angepasst als die beiden anderen Arten.

Fazit

Alle Tiere können aus Erfahrung lernen und sich damit an ihre Umwelt anpassen. Dabei kann es sich um sehr einfache Lernformen handeln, so die Gewöhnung an bedeutungslose Reize oder um assoziative Lernvorgänge, so die klassische oder operante Konditionierung. Manche Tiere verfügen auch über höhere kognitive Leistungsvermögen. Sie können planen und einsichtig handeln, sie können sich im Spiegel erkennen, sie wissen, was andere wissen, und sie bemerken sogar, wenn es sich dabei um falsches Wissen handelt. Zwar sind solch höheren kognitiven Fähigkeiten bisher nur für einige wenige Tierarten nachgewiesen worden, und längst nicht jedes Individuum dieser Arten verfügt über sie. Dennoch zeigen die vorliegenden Forschungsdaten sehr eindrucksvoll, dass Tiere prinzipiell zu kognitiven Leistungen fähig sind, die vor nicht allzu langer Zeit ausschließlich dem Menschen zugeschrieben wurden. Kontrovers diskutiert wird allerdings, ob diese Ergebnisse ein Ich-Bewusstsein belegen, das dem des Menschen vergleichbar ist.

Die vielleicht größte Überraschung der letzten 20 Jahre war die Entdeckung der herausragenden kognitiven Leistungen einiger Vogelarten. Insbesondere Papageien und Rabenvögel scheinen darin selbst den Menschenaffen in nichts nachzustehen. Diese Erkenntnis unterstreicht, dass die Evolution hin zu höheren kognitiven Leistungen nicht etwa nur in der Entwicklungslinie stattfand, die zum Menschen geführt hat. Vielmehr hat sich «intelligentes Verhalten» bei den unterschiedlichsten Tiergruppen unabhängig voneinander entwickelt.

KAPITEL 6

TIERPERSÖNLICHKEITEN

*Die Entwicklung des Verhaltens und
die Entdeckung der Individualität*

Das soziale Umfeld während der Kindheit

Hätte man in den 1950er Jahren einen Biologen gefragt, was geschieht, wenn ein Affenbaby allein, ohne Kontakt zur Mutter, aufwächst, dann hätte er wahrscheinlich geantwortet: «Wenn das Tier ausreichend zu fressen und zu trinken hat, sein Käfig sauber und frei von Krankheitserregern ist und die Umgebungstemperatur stimmt, dann wird es sich ganz normal entwickeln.» Weit verbreitet war die Überzeugung, dass die Tiermutter vor allem die Aufgabe hatte, ihre Kinder mit Nahrung, insbesondere Milch, zu versorgen, sie zu wärmen und vor Feinden zu schützen. Dass sie auch eine wesentliche Rolle für die Verhaltensentwicklung ihrer Kinder spielen könnte, war ein eher ungewöhnlicher Gedanke.

Von welch ausschlaggebender Bedeutung soziale Kontakte für eine normale Entwicklung tatsächlich sind, zeigten dann die Untersuchungen des amerikanischen Psychologen Harry Harlow und seines Teams. In einem aus heutiger Sicht nicht mehr vertretbaren Versuch zogen sie Rhesusaffen von Geburt an künstlich auf, ohne Kontakt zur Mutter oder anderen Artgenossen. Die Tiere wuchsen zwar gut heran und waren körperlich gesund, ihre Psyche und ihr Verhalten erwiesen sich aber als völlig gestört. Einige Tiere hockten am Boden, zeigten keinerlei Initiative und starrten ins Leere. Andere entwickelten extreme Bewegungsstereotypien, schaukelten stundenlang mit ihrem Körper gleichförmig hin und her. Auf neue Situationen reagierten sie mit Furcht. Ein Ball, der normalerweise zu intensivem Spielverhalten verlockt, löste bei ihnen Panik und Entsetzen aus. Als diese Affenkinder mit gleichaltrigen, normal aufgewachsenen Artgenossen zusammenkamen, zeigten sich erhebliche Störungen in ihrem Sozialverhalten: Die Tiere waren hyperaggressiv und konnten nicht in bestehende Sozialverbände integriert werden. Wurde ein Weibchen, das zuvor ohne Sozialkontakt groß geworden war, im späteren Leben selbst Mutter, so war es für diese Rolle völlig untauglich und malträtierte die eigenen Kinder. Das wundert uns heute nicht; es zeigte sich: Je länger seit der Geburt kein Sozialkontakt mit der Mutter oder anderen Artgenossen bestanden hatte, desto ausgeprägter waren die Störungen bei den Tieren und desto erfolgloser die Versuche, sie zu therapieren.

Diese Untersuchungen zeigten sehr deutlich: Allein aufgrund ihrer Instinkte können sich Affenkinder nicht zu sozial und emotional kompetenten Individuen entwickeln. Hierfür bedarf es intensiver Kontakte zu anderen Artgenossen in frühen Phasen ihres Lebens. Die Mutter ist nicht nur Nahrungsquelle, sie sozialisiert ihre Söhne und Töchter auch, gibt ihnen Sicherheit und soziale Unterstützung. Wie effektiv sie beispielsweise die hormonellen Stressreaktionen ihrer Kinder in belastenden Situationen puffern kann, hatten wir bereits im zweiten Kapitel gesehen.

Die Harlow'schen Studien erbrachten darüber hinaus eine weitere wichtige Erkenntnis, die aber schnell wieder in Vergessenheit geriet. Wenn die Kinder ohne Mutter, aber mit einer Reihe von Gleichaltrigen aufwuchsen, dann entwickelten sie ebenfalls keine Verhaltensstörungen. Das häufige und intensive

Spiel mit Altersgenossen hatte offenbar eine vergleichbar positive Wirkung wie das mütterliche Verhalten. Genau genommen war es also nicht die Mutter-Kind-Beziehung, die ausschlaggebend für die stimmige Entwicklung der Nachkommen war, sondern ganz generell der Sozialkontakt mit Artgenossen, zu denen eine enge Beziehung bestand.

Die Forschungen der jüngsten Jahrzehnte bestätigen: Um zu emotional und sozial kompetenten Individuen heranzuwachsen, müssen Säugetierkinder sozialisiert werden. Nur wenn dieser Prozess erfolgreich verläuft, können sie sich im späteren Leben mit Artgenossen auf angemessene Weise austauschen und mit ihnen in Beziehung treten. Diese Erkenntnis trifft nicht nur auf Affen zu. Wie sich beispielsweise Hunde zu anderen Hunden und dem Menschen verhalten, hängt wesentlich von den sozialen Erfahrungen ab, die sie zwischen der dritten und vierzehnten Lebenswoche machen. Letztlich gilt für alle Säugetiere: Nur wenn das soziale Umfeld intakt ist, können sich die Kinder zu sozial kompetenten Erwachsenen entwickeln.

In den letzten Jahren zeigten Untersuchungen an Affen, Huf- und Nagetieren eine weitere Gesetzmäßigkeit: Schon ganz normale Unterschiede in den Sozialkontakten können das Temperament und Verhalten der Kinder nachhaltig beeinflussen. Besonders die Häufigkeit und die Dauer, mit der Mütter sich um ihren Nachwuchs kümmern, haben Auswirkungen auf das Naturell. So entwickelten Rattenkinder, die nur wenig mütterliche Fürsorge erfuhren, zwar keine Verhaltensstörungen; im Vergleich zu Kindern, die intensiv bemuttert wurden, waren sie aber im Erwachsenenalter ängstlicher und gestresster. Mäusekinder waren mutiger, wenn ihre Mütter sich ausgiebig um sie gekümmert hatten, und zurückhaltender, wenn sie nur wenig umsorgt worden waren.

Allerdings ist nicht immer nur die Mutter zuständig für eine gelungene Sozialisation. So wie bei den Rhesusaffen tragen bei vielen Arten die Kontakte mit gleichaltrigen Spielkameraden bedeutend zu einer erfolgreichen Entwicklung des Verhaltens bei. Bei manchen Arten, wie dem Grauen Springaffen, kann auch der Vater die primäre Bezugsperson für die Kinder sein, und bei Elefanten sozialisiert die gesamte Gruppe von miteinander verwandten Weibchen den Nachwuchs.

Zusammengefasst bestätigen zahllose Untersuchungen, wie wichtig das frühe soziale Umfeld bei Säugetieren für die Entwicklung des Verhaltens ist. Fehlen Sozialpartner, so kann es zu Defiziten und schweren Verhaltensstörungen kommen. Aber auch ganz normale Unterschiede in den sozialen Kontakten führen zu deutlichen Unterschieden im Verhalten der einzelnen Individuen. Deshalb wird die frühe Kindheit ab der Geburt zu Recht als eine entscheidende Entwicklungsphase betrachtet, in der die Emotionen und das Verhalten der Säugetiere langfristig ausgeformt werden. Allerdings ist diese frühe Phase nicht der einzige Lebensabschnitt, in dem die Umwelt Einfluss auf das Verhalten nimmt.

Die pränatale Beeinflussung des Verhaltens

Als meine langjährige Mitarbeiterin und heutige Kollegin Sylvia Kaiser sich eines Morgens vor den Laptop setzte, um Videoaufnahmen auszuwerten, die sie am Tag zuvor von Hausmeerschweinchen gemacht hatte, traute sie ihren Augen kaum. Die vier Weibchen in dem großen, reich strukturierten Gehege verhielten sich eindeutig wie Männchen. Sie wirkten robuster und waren wesentlich aktiver, als es die Weibchen dieser Art normalerweise sind, und sie tanzten intensiv Rumba, ein ausdrucksstarkes Werbeverhalten, welches normalerweise nur von Männchen ausgeführt wird. Will man in einer großen Kolonie von Meerschweinchen wissen, welches die Männchen und welches die Weibchen sind, dann muss man nur nach diesem Tanz Ausschau halten. Alle Männchen führen ihn aus, üblicherweise jedoch keines der Weibchen.

Das zweite Video, das Sylvia Kaiser an diesem Morgen analysierte, zeigte eine weitere Gruppe von vier weiblichen Meerschweinchen, die im selben Haltungsraum in einem identischen Gehege lebten. Diese Tiere verhielten sich allerdings so, wie es für weibliche Hausmeerschweinchen typisch ist. Sie tanzten mitnichten Rumba, waren weniger aktiv und führten auch keine aggressiven Auseinandersetzungen. Wie konnte es zu diesen deutlichen Verhaltensunterschieden kommen, obwohl alle Weibchen gleichaltrig waren und in derselben Umwelt lebten?

Interessanterweise gab es nur ein einziges Merkmal, in dem sich die Weibchen der beiden Gruppen unterschieden: die soziale Umwelt, in der ihre Mütter während der Trag- und Säugezeit gelebt hatten. Stammten die Töchter von Müttern ab, die eine instabile soziale Umwelt erfahren hatten, dann war ihr Verhalten maskulinisiert. Hatten ihre Mütter in einer sozial stabilen Welt gelebt, dann verhielten sich die Töchter typisch.

Was haben eine stabile und eine instabile Umwelt gemeinsam, und was unterscheidet sie? In beiden Situationen lebte jeweils ein Männchen zusammen mit fünf Weibchen in großen Gehegen. In allen Gruppen wurden die weiblichen Tiere innerhalb kürzester Zeit gedeckt und waren dann gut zwei Monate lang trächtig. Anschließend brachten sie ein bis vier Junge zur Welt, die sie drei Wochen lang säugten. In der stabilen sozialen Umwelt hatte jedes Weibchen allerdings ausschließlich Kontakt zu dem Männchen, mit dem es sich gepaart hatte, sowie zu den anderen Weibchen seiner Gruppe. Im Gegensatz dazu wurden in der instabilen Umwelt ab und zu Weibchen zwischen verschiedenen Gruppen ausgetauscht. So erlebte jedes Tier wiederholt ein neues soziales Umfeld mit unbekannten Artgenossen.

Die Mütter der maskulinisierten Töchter hatten sowohl während der Trächtigkeit als auch während des Säugens in dieser instabilen sozialen Umwelt gelebt. Deshalb wollte Sylvia Kaiser zunächst wissen, ob tatsächlich beide Phasen für die Vermännlichung des Verhaltens verantwortlich sind oder ob soziale Instabilität bereits in einer der beiden Phasen ausreicht, um eine Maskulinisierung hervorzurufen. Entsprechend hielt sie Meerschweinchen unter vier verschiedenen Bedingungen: In der ersten lebten die Mütter während der Trag- und Säugezeit in einer stabilen sozialen Umwelt. Wie zu erwarten, verhielten sich ihre Töchter im Erwachsenenalter typisch weiblich. In der zweiten erlebten die Mütter das genaue Gegenteil, in beiden Phasen soziale Instabilität. Entsprechend war das Verhalten der Töchter maskulinisiert. In der dritten Situation lebten Mütter während der Trächtigkeit in einer stabilen, während des Säugens hingegen in einer instabilen sozialen Umwelt. Ihre Töchter wiesen später keine Anzeichen vermännlichten Verhaltens auf. In der letzten Situation lebten die Mütter während der Trächtigkeit in einer instabilen und während des Säugens in einer stabilen sozialen Umwelt. Diese Töchter zeigten sich in ihrem späteren Leben maskulinisiert. Ein Vergleich der vier Bedingungen zeigte also: Die Vermännlichung des Verhaltens rührt her von sozialer Instabilität während der Trächtigkeit, die soziale Umwelt während des Säugens ist dafür ohne Belang. Es handelt sich damit um eine pränatale, das heißt vorgeburtliche Beeinflussung des Verhaltens, die durch die soziale Umwelt hervorgerufen wird, in der die Mutter während der Trächtigkeit lebt.

Es erwies sich, dass mit dieser Maskulinisierung deutlich erhöhte Werte des männlichen Sexualhormons Testosteron im Blut einhergingen. Eine Untersuchung am Netherlands Institute for Brain Research in Amsterdam zeigte ferner, dass sich bestimmte Hirnareale in ihrer Feinstruktur deutlich von jenen ihrer nicht vermännlichten Artgenossinnen unterscheiden und genau wie bei Männchen ausgeprägt sind. Die soziale Umwelt, in der die Mutter während der Trächtigkeit lebt, beeinflusst somit nicht nur das Verhalten, sondern auch den Hormonhaushalt und die Gehirnentwicklung ihrer Töchter.

Konsequenterweise stellten wir uns danach die Frage, welche Auswirkung die soziale Umwelt dann auf die Söhne hat. In unserem Institut waren wir alle überzeugt: «Wenn eine instabile soziale Umwelt zu vermännlichten Töchtern führt, dann werden die Söhne ‹Supermachos› sein.» Die Forschungsergebnisse zeichneten allerdings ein völlig anderes Bild. Wenn die Mütter während der Tragzeit in einer instabilen sozialen Umwelt lebten, entwickelten sich ihre Söhne langsamer, und das typisch maskuline Verhalten prägte sich weit weniger aus. Sie spielten häufiger und bis zu einem höheren Alter als Artgenossen, deren Mütter während der Trächtigkeit in einer stabilen Umwelt gelebt hatten. Als die Söhne geschlechtsreif wurden, führten sie zwar Werbeverhalten aus. Sie unterbrachen es aber immer wieder, um zu spielen. Hiermit einher ging eine stark reduzierte Anzahl von Andockstellen für das männliche Sexualhormon Testosteron in ihrem Gehirn. Insgesamt fanden wir den Ausdruck «infantilisiert» für dieses Erscheinungsbild ziemlich treffend.

Studien an anderen Arten, darunter Mäuse, Ratten, Schweine und Affen, kommen zum gleichen Ergebnis: Hat die Mutter während der Trächtigkeit in einer instabilen sozialen Umwelt gelebt, so weisen ihre Töchter eine Maskulinisierung des Verhaltens, des Hormonhaushalts, der Gehirnentwicklung und manchmal auch des Aussehens auf. Bei Söhnen kommt es hingegen zu einer verzögerten Entwicklung, und ihr Verhalten ist weniger stark maskulin geprägt.

Auf welche Art und Weise kann die mütterliche Umwelt während der Trächtigkeit das Verhalten der Nachkommen so tiefgreifend beeinflussen? Obwohl im Detail noch viele Fragen offen sind, ist der generelle Weg, wie es zur pränatalen Beeinflussung des Verhaltens kommt, mittlerweile gut verstanden: Die Umwelt beeinflusst bei den trächtigen Weibchen die Ausschüttung ihrer Hormone. Leben die Tiere in einer instabilen Umwelt, so begegnen sie häufig fremden Tieren, was vermehrt zu aggressiven Auseinandersetzungen führen kann. Die Folge sind stark steigende Cortisol- und Adrenalinwerte, und auch die Ausschüttung der Sexualhormone kann sich deutlich verändern. Da der mütterliche Blutkreislauf durch die Plazenta mit dem Blutkreislauf der Föten verbunden ist, gelangen die Hormone auch in deren Gehirn. Und sie können dort die Gehirnentwicklung so nachhaltig beeinflussen, dass die Auswirkungen auf das Verhalten bis ins Erwachsenenalter nachweisbar sind.

Maskulinisierte Töchter und infantilisierte Söhne: Störung oder Anpassung?

Auf den ersten Blick scheinen die Auswirkungen einer instabilen sozialen Umwelt während der Trächtigkeit ausschließlich negativ zu sein. Dementsprechend heißt es bei Medizin- oder Psychologiekongressen, auf denen diese Forschungsergebnisse präsentiert werden, häufig: «Die Untersuchungen zeigen, dass zu viel Stress während der Schwangerschaft zu verhaltensgestörten Kindern führt!» Interessanterweise werden dieselben Ergebnisse auf Tagungen der Evolutions- oder Verhaltensbiologie völlig anders diskutiert. Hier kommt niemand auf die Idee, von Verhaltensstörungen zu sprechen. Vielmehr wird gefragt: «Wäre es möglich, dass die Mutter ihre Nachkommen an die soziale Situation anpasst, in der sie sich selbst gerade befindet?» In den letzten Jahren sprechen tatsächlich immer mehr Forschungsergebnisse dafür, dass diese Erklärung richtig sein könnte.

Schauen wir uns beispielsweise die Gewöhnlichen Wildmeerschweinchen an, die Vorfahren der Hausmeerschweinchen. Auch bei ihnen führt soziale Instabilität während der Trächtigkeit zu maskulinisierten Töchtern und infantilisierten Söhnen. Die Betrachtung der ökologischen Bedingungen, unter denen diese Tiere leben, lässt erkennen, warum es sich bei den zunächst skurril erscheinenden Verhaltensmustern um Anpassungen handeln könnte.

In ihrem natürlichen Lebensraum in Südamerika kommen die Gewöhnlichen Wildmeerschweinchen in ganz unterschiedlichen sozialen Umwelten vor: In einem Jahr drängen sich Hunderte von Individuen auf engem Raum. Sie leben in hoher Populationsdichte und sind in zahlreiche Auseinandersetzungen mit fremden und bekannten Artgenossen verwickelt. Es handelt sich eindeutig um eine instabile soziale Situation. Schon im nächsten Jahr kann es jedoch zu einer Dezimierung der Population durch Unwetterkatastrophen oder Fressfeinde gekommen sein. Dann befinden sich nur noch wenige Meerschweinchen in demselben Gebiet. Sie kennen sich und begegnen einander in voraussagbarer Weise. Nun handelt es sich um eine stabile soziale Situation. Ein Wildmeerschweinchen kann sich also während zweier Tragzeiten in völlig unterschiedlichen sozialen Umwelten befinden.

Machen wir ein Gedankenexperiment: Angenommen, ein trächtiges Weibchen wäre in der Lage, das Verhalten seiner Tochter so zu formen, dass sie optimal an eine hohe Populationsdichte mit instabilen sozialen Verhältnissen angepasst ist. Welche Eigenschaften sollte sie haben? Es ist leicht einzusehen, dass eine robuste, durchsetzungsfähige Tochter bestens in einer solchen Situation klarkommen würde. Denn es wird häufig Streitigkeiten um Dominanzpositionen und einen harten Wettbewerb um wichtige Ressourcen wie Fress- und Ruheplätze geben. Zwar gibt es Hinweise, dass ein maskulinisiertes Verhalten mit einem beeinträchtigten Fortpflanzungsvermögen einhergeht, bei hohen Populationsdichten dürfte ein durchsetzungsfähiges Verhaltensmuster jedoch die Voraussetzung sein, um sich überhaupt fortpflanzen und seine Nachkommen erfolgreich aufziehen zu können. Bei niedrigen Populationsdichten und stabilen sozialen Verhältnissen wäre hingegen ein anderes Verhaltensprofil angesagt: In dieser Situation sind alle Ressourcen ausreichend vorhanden, und es bietet keinen wesentlichen Vorteil, dominant und durchsetzungsfähig zu sein. Vielmehr sollte das Verhalten vornehmlich in den Dienst der Fortpflanzung gestellt werden. Hier könnte ein maskulinisiertes Verhalten die Reproduktion durchaus beeinträchtigen. Unter den ökologischen Bedingungen des natürlichen Lebensraums wäre es also optimal, wenn die Mütter das Verhalten ihrer Töchter an die jeweiligen sozialen Bedingungen anpassen könnten.

In den letzten zwei Jahrzehnten zeigte eine Vielzahl von Untersuchungen an unterschiedlichsten Tierarten: Mütter scheinen hierzu tatsächlich in der Lage zu sein! In vielen Fällen beeinflussen sie das Verhalten, die Physiologie und das Aussehen ihrer Nachkommen während früher Phasen der Entwicklung so effektiv, dass diese bestens an die Bedingungen angepasst sind, unter denen die Mütter selbst leben oder die sie für ihre Nachkommen voraussagen.

Ein besonders spektakuläres Beispiel ist von Wasserflöhen bekannt. Bei einer Art kommen die Tiere in zwei Varianten vor: mit einer helmartigen Struktur am Kopf oder ohne. In Gewässern, in denen viele Fressfeinde leben, erweist sich ein solcher Helm als vorteilhaft, weil er einen gewissen Schutz vor Räubern bietet. Allerdings ist es mit hohem Aufwand verbunden, eine solche Struktur aufzubauen, weshalb es in räuberfreien Umwelten von Vorteil ist, ohne Helm zu sein. Interessanterweise «entscheidet» die Mutter in der vorgeburtlichen Phase, ob ihre Nachkommen behelmt sein werden oder nicht. Wenn sie selbst

Feindkontakte in ihrem Lebensraum hatte, kommen ihre Nachkommen mit Helmen zur Welt. Waren keine Anzeichen von Feinden vorhanden, trägt der Nachwuchs auch keine Helme.

In vergleichbarer Weise scheinen auch die Mütter von Säugetieren in der Lage zu sein, ihre Kinder auf das zukünftige Leben vorzubereiten. Indem sie mit Hilfe von Hormonen ihre Gehirnentwicklung pränatal beeinflussen, werden unterschiedliche Verhaltenscharaktere ausgebildet, die optimal an die jeweiligen Umweltbedingungen angepasst sind.

Betrachten wir die Töchter, so ist es einsichtig, warum ein maskulinisiertes Verhaltensmuster gut an hohe Populationsdichten mit instabilen Verhältnissen angepasst ist, während sich ein nichtmaskulinisiertes Profil eher bei niedrigen Dichten und stabilen Verhältnissen als vorteilhaft erweist. Aber was ist mit den Söhnen? Stellen infantilisierte und nichtinfantilisierte Verhaltensmuster ebenfalls Anpassungen an unterschiedliche soziale Situationen dar?

Nach allem, was wir wissen, ist dies tatsächlich so. Denn der Weg, den heranwachsende Männchen beschreiben, um zur Fortpflanzung zu kommen, sieht bei hohen Populationsdichten völlig anders aus als bei niedrigen. Stellen wir uns eine extrem kleine Population vor, die nur aus zwei gerade geschlechtsreifen jungen Männchen und einem jungen Weibchen besteht. Wie sollte sich ein Männchen in dieser Situation verhalten, um seine Gene erfolgreich an die nächste Generation weiterzugeben? Es sollte den Opponenten angreifen und möglichst besiegen. Denn nur das dominante Männchen wird sich mit dem Weibchen paaren. Tatsächlich verhalten sich Meerschweinchen, genau wie viele andere Säugetiere auch, entsprechend dieser Logik. Ein infantilisiertes Verhaltensmuster verspräche in einer solchen Situation keinen Erfolg.

Bei hohen Populationsdichten stellt sich die Situation für ein junges geschlechtsreifes Männchen jedoch völlig anders dar. Es sieht sich starken, ausgewachsenen Alpha-Männchen gegenüber, die ihre Weibchen verteidigen und bewachen. Die jungen Männchen könnten sich theoretisch zwar fortpflanzen, da sie aber noch wesentlich kleiner und leichter als die Alphas sind, haben sie keine Chance, sie in direkten Auseinandersetzungen zu besiegen und somit Zugriff auf die Weibchen zu bekommen. Wie wir im zweiten Kapitel gesehen haben, erlangen die heranwachsenden Männchen bei hohen Tierzahlen den Alpha-Status, indem sie Bindungen an individuelle Weibchen ausbilden und alle verfügbare Energie in ihr Körperwachstum investieren. Gleichzeitig werden sie sich nicht als ernsthafte Konkurrenten zu erkennen geben, denn sonst sind sie heftigen Attacken der Alphas ausgesetzt. In dieser Situation ist ein infantilisiertes Verhalten genau die richtige Strategie: So wird den Alphas signalisiert, kein Rivale zu sein, und Energie nicht unnötig in Auseinandersetzungen mit ihnen vergeudet. Wie Untersuchungen zeigen, führt eine solche Strategie mit hoher Wahrscheinlichkeit dazu, dass diese Tiere im späteren Leben, wenn die Tiere größer und schwerer sind, selbst eine Alpha-Position übernehmen.

Zusammengefasst: Es deutet nichts darauf hin, dass maskulinisierte Töchter und infantilisierte Söhne verhaltensgestört sein könnten. Vielmehr spricht vieles dafür, dass diese Tiere bestens an bestimmte soziale Situationen, zum Beispiel eine hohe Populationsdichte, angepasst sind.

Umwelt, Gene und eigene Interessen in den frühen Phasen der Entwicklung

Die soziale Umwelt übt also Einfluss auf die trächtigen Weibchen aus und bewirkt so signifikante Veränderungen ihrer Hormonspiegel. Diese beeinflussen dann wiederum die Gehirnentwicklung der Föten und passen das Verhalten der Nachkommen an die Umweltbedingungen an. Auch nach der Geburt wirken Umwelteinflüsse auf die Mütter ein. Jetzt wird aber vor allem ihr Fürsorgeverhalten beeinflusst: So kümmern sich Mäusemütter in einer sicheren Umwelt intensiv, bei Gefahr jedoch kaum um ihren Nachwuchs; auch Dickhornschafe bringen ihren Kindern bei niedrigen Populationsdichten viel, bei hohen Tierzahlen jedoch nur wenig mütterliche Fürsorge entgegen. Die Unterschiede dieser Mutter-Kind-Beziehungen haben ebenfalls deutliche Auswirkungen auf die Gehirnentwicklung der Nachkommen. Die daraus resultierenden Verhaltensmuster sind auch hier in aller Regel Anpassungen an die jeweiligen Umweltbedingungen. Beispielsweise führt das in einer gefährlichen Umwelt reduzierte mütterliche Verhalten dazu, dass sich Kinder in ebendieser Umwelt ängstlich-vorsichtig verhalten, was sicherlich sinnvoll ist, da es zum Überleben beiträgt.

Vergleicht man die pränatale Phase und die Zeit nach der Geburt, dann zeigt sich eine bemerkenswerte Übereinstimmung: In beiden Lebensabschnitten schlägt sich die mütterliche Umwelt in der Gehirn- und Verhaltensentwicklung der Nachkommen nieder und passt diese so an die vorherrschenden Umweltbedingungen an. Der Unterschied besteht lediglich darin, dass diese Effekte in der pränatalen Phase durch die mütterlichen Hormone und nach der Geburt durch das mütterliche Verhalten hervorgerufen werden.

Wie wir gesehen haben, beeinflusst das soziale Umfeld in den frühen Phasen der Entwicklung ganz wesentlich, wie das individuelle Verhalten der Kinder ausgeformt wird. Was aber nicht vergessen werden sollte: Das soziale Umfeld bestimmt dies keinesfalls allein. Kinder werden nicht passiv von der Mutter und anderen Bezugspersonen sozialisiert, sondern sie gestalten diesen Prozess höchst aktiv mit.

In diesem Zusammenhang wies der US-amerikanische Evolutionsbiologe Robert Trivers bereits vor Jahrzehnten auf einen wichtigen Punkt hin: Kinder und Eltern haben durchaus unterschiedliche Interessen. Denn jedes Individuum ist durch das Wirken der natürlichen Selektion darauf programmiert, möglichst viele Kopien der eigenen Gene in die nächste Generation weiterzugeben. Jeder Sohn und jede Tochter wird deshalb versuchen, von der Mutter so viel Nahrung und Pflege wie möglich zu bekommen. Die Mutter ist hingegen bestrebt, die ihr zur Verfügung stehenden Ressourcen auf alle Nachkommen gleichmäßig zu verteilen. Wenn sie zum Beispiel zu viel Energie auf die Nachkommen des ersten Wurfes verwendet, wird sie nicht mehr genügend Reserven haben, um einen zweiten, dritten oder vierten Wurf großzuziehen. Hieraus ergibt sich zwangsläufig ein Mutter-Kind-Konflikt, der sich tatsächlich bei vielen Tierarten nachweisen lässt: Jedes einzelne Kind will mehr, als die Mutter zu geben bereit ist. Die Ausformung des Verhaltens in den frühen Phasen der Entwicklung findet also keineswegs einseitig durch die Mutter oder andere wichtige Bezugspersonen statt. Die Nachkommen wirken ihrerseits in erheblichem Maße auf die Artgenossen in ihrer Umgebung ein. Wie erfolgreich sie dabei sein können, haben wir am Beispiel des Kindchenschemas im letzten Kapitel gesehen: Babys sind in der Lage, selbst nicht verwandte Artgenossen dazu zu bringen, sich liebevoll um sie zu kümmern.

Wenn alle Mütter einer Population durch ihre Hormone und ihr Verhalten Einfluss auf die Entwicklung der Söhne und Töchter nehmen und sie so an die Umweltbedingungen anpassen, dann stellt sich die Frage: «Warum entwickeln nicht alle Kinder ein sehr ähnliches Verhalten? Warum bilden sie trotz mehr oder weniger gleicher Umweltbedingungen teils völlig unterschiedliche Charaktere aus?»

Den wesentlichen Grund dafür haben wir bereits im vierten Kapitel kennengelernt. Das individuelle Verhalten wird durch das Zusammenspiel von ererbtem Genotyp einerseits und den Umweltbedingungen andererseits ausgeformt. In diesem Zusammenhang kommt Plastizitätsgenen wie dem SERT-Gen eine wesentliche Rolle zu. Diese können bei verschiedenen Individuen in unterschiedlicher Form auftreten und je nach Variante darüber entscheiden, ob und in welchem Ausmaß das Verhalten durch die Umwelt beeinflusst wird. Das erklärt beispielsweise, warum das gleiche Maß an mütterlicher Fürsorge nicht unbedingt ein gleichförmiges Verhalten bei unterschiedlichen Nachkommen hervorrufen muss. So führt ein reduziertes mütterliches Verhalten zwar dazu, dass die Nachkommen im Mittel ängstlicher sind. Wie stark die Ängstlichkeit aber bei jedem einzelnen Nachkommen ausgeprägt ist, entscheidet unter anderem die Beschaffenheit seines SERT-Gens.

Wie Erfahrungen während der Adoleszenz Einfluss auf das Verhalten nehmen

Lange Zeit hatte man bei Säugetieren geglaubt, dass das Verhaltensmuster, welches sich in den frühen Phasen der Entwicklung herausbildet, ein ganzes Leben lang Bestand hat: Wer als Kleinkind ängstlich ist, wird es auch als Erwachsener sein. Wer die Welt in der Kindheit mutig erkundet, wird sich später als furchtlos erweisen. Im Lauf der Zeit kamen allerdings Zweifel auf: Stimmt es wirklich, dass einzig die frühe Phase der Entwicklung entscheidend für die Ausformung des Verhaltens ist? Könnte die Umwelt nicht auch in späteren Phasen einen ebenso prägenden Einfluss haben? Tatsächlich haben neuere Studien die bisherige Sichtweise deutlich erweitert. In den Fokus geriet mehr und mehr die Adoleszenz.

Die Adoleszenz ist der allmähliche Übergang von der Kindheit zum Erwachsenenalter. In diesem Lebensabschnitt treten tiefgreifende hormonelle Veränderungen auf. Bei den Weibchen bilden die Eierstöcke weibliche Sexualhormone, etwa das Östradiol; befruchtungsfähige Eizellen reifen heran, und es kommt zum ersten Eisprung. Bei den Männchen wird der Hoden aktiv, produziert männliche Sexualhormone wie das Testosteron und es entstehen befruchtungsfähige Spermien. Unter dem Einfluss der Sexualhormone verändert sich auch das Aussehen, manchmal sehr deutlich. So entsteht bei den Männchen das farbenprächtige Gesicht des Mandrills, das Geweih der Hirsche oder der leuchtend rot gefärbte Kamm der Hähne. Bei den Weibchen vieler Affenarten treten auffällige Schwellungen im Anal- und Genitalbereich auf. Auch das Nervensystem erfährt gravierende Veränderungen. Neuronale Schaltkreise werden umorganisiert und neugebildet. Gleichzeitig gelangen die Sexualhormone mit dem Blutstrom in das Gehirn und docken dort in Gebieten an, die für die Steuerung der Emotionen und des Verhaltens zuständig sind. So wundert es nicht, dass sich während der Adoleszenz auch das Verhalten der Tiere drastisch verändert.

In dieser Phase nimmt die Bedeutung der Eltern für die Heranwachsenden ab, gleichzeitig wird der Umgang mit Gleichaltrigen immer wichtiger. Aufgrund der Sexualhormone erwacht bei männlichen und weiblichen Tieren das Interesse am anderen Geschlecht. Die Männchen werden untereinander unverträglicher und wandern in dieser Zeit häufig aus ihren Geburtsgruppen ab, um sich anderen Sozialverbänden anzuschließen oder eigene Territorien zu gründen. Gleichzeitig ist eine erhöhte Risikobereitschaft sowie die aktive Suche nach neuen Situationen und aufregenden Erlebnissen zu beobachten – Eigenschaften, die unter anderem auf die erhöhten Konzentrationen des Testosterons zurückzuführen sind.

Im Laufe der Adoleszenz verändert sich also mit der hormonellen Umstellung auch das Verhalten. Diese Entwicklung vollzieht sich jedoch nicht bei allen Tieren gleich. Denn genau wie in der pränatalen Phase und in der Kindheit ist die Umwelt auch in diesem Lebensabschnitt mitprägend für das zukünftige Verhalten. Wiederum waren es unsere Untersuchungen an Hausmeerschweinchen, die erstmals zeigten, von welch entscheidender Bedeutung die sozialen Erfahrungen während der Adoleszenz für das zukünftige Verhalten sind.

Betrachten wir ein Männchen, das in einer großen Kolonie von Hausmeerschweinchen geboren wurde und dort sein ganzes Leben verbrachte. Was geschieht, wenn dieses Tier unvermutet auf ein Männchen aus einer anderen Kolonie trifft, dem es niemals zuvor begegnet ist? Die beiden Tiere schauen einander an, sie beschnuppern sich und klären dann auf völlig friedliche Weise, wer der Dominante und wer der Unterlegene ist. Dieses friedliche Arrangement verläuft für beide Männchen ganz ohne Stress, wie Untersuchungen ihrer Cortisolwerte zeigen. Ein Männchen, das aus einer großen Kolonie stammt, hat auch kein Problem, sich in eine völlig fremde Kolonie von Artgenossen zu integrieren. Auch hier gibt es keinen Stress und keine nennenswerten Aggressionen, wie wir bereits im zweiten Kapitel gesehen haben.

Ganz anders verlaufen die Begegnungen mit Fremden jedoch, wenn die Männchen nicht in großen Kolonien, sondern einzeln groß geworden sind oder ausschließlich paarweise gelebt haben, das heißt ein Männchen zusammen mit einem Weibchen. Treffen zwei Tiere aufeinander, die so aufgewachsen sind, dann kommt es zu heftigsten Auseinandersetzungen. Sie klappern mit den Zähnen, stellen die Nackenhaare auf, springen einander an und versuchen den Rivalen zu beißen. Es kann Tage dauern, bis geklärt ist, wer der Stärkere und wer der Schwächere ist. Während dieser Auseinandersetzungen kommt es zu starken Stressreaktionen. Die Cortisolwerte schießen bei beiden Tieren in die Höhe und fallen erst allmählich wieder auf die Ausgangswerte zurück. Wie zu erwarten, haben diese Tiere auch enorme Schwierigkeiten, wenn sie versuchen, sich als Erwachsene in fremde Kolonien zu integrieren. Nie geht dies friedfertig vonstatten, sondern immer mit heftigsten Aggressionen und Stress einher.

Es stellt sich die Frage, wie diese Unterschiede zustande kommen. Warum sind Männchen, die in Kolonien aufwachsen, friedlich-relaxed, Männchen aus der Einzel- oder Paarhaltung aber aggressiv-gestresst, wenn sie auf fremde Artgenossen treffen? In einer Reihe von Untersuchungen fanden wir die Antwort: Verantwortlich hierfür sind die sozialen Erfahrungen, die die Tiere während der Adoleszenz machen. Wachsen die jungen Männchen in den Kolonien heran, so gehört es zur Alltagserfahrung, dass sie in Auseinandersetzungen mit älteren, dominanten Männchen verwickelt sind. In diesen Interaktionen erfahren sie die Rolle eines unterlegenen Tieres und erlernen, wie man sich in einer solchen Situation verhält. Sie treffen aber auch auf Jüngere und sind dann selbst dominant. Die Erfahrung solch unterschiedlicher Situationen lehrt sie abzuschätzen, ob ein Artgenosse stärker oder schwächer ist als sie, ohne dies in kämpferischen Auseinandersetzungen ausprobieren zu müssen. Sie lernen auch Regeln im Umgang mit dem anderen Geschlecht, zum Beispiel: «Triffst du auf ein fremdes Weibchen, balze es nicht sofort an, sondern warte etwa drei Stunden. Wenn in dieser Zeit kein anderes Männchen auftaucht, kannst du mit dem Werben beginnen.» Gerade diese Verhaltensregel verhindert, dass es vorschnell zu eskalierten Auseinandersetzungen zwischen einander unbekannten Männchen kommt. Die Konkurrenz um Weibchen ist im gesamten Tierreich einer der Hauptgründe für aggressive Auseinandersetzungen zwischen erwachsenen Männchen.

Lebt ein Männchen während der Adoleszenz hingegen nicht in Kolonien, sondern allein oder nur zusammen mit einem Weibchen, dann hat es in dieser entscheidenden Entwicklungsphase keine Chance auf Auseinandersetzungen mit anderen Männchen. Durch das Ausbleiben dieser Interaktionen, insbesondere mit dominanten Kontrahenten, kann es bestimmte soziale Fähigkeiten nicht erlernen, beispielsweise, sich unterzuordnen. Die Folge sind eskalierte, höchst aggressive Auseinandersetzungen und starke hormonelle Stressreaktionen, wenn es mit fremden männlichen Artgenossen zusammentrifft. Die sozialen Erfahrungen der heranwachsenden Männchen während der Adoleszenz sind demnach von ausschlaggebender Bedeutung für ihr Aggressionsverhalten und ihre Stressreaktionen im Erwachsenenalter.

Bisher war ausschließlich von den Männchen die Rede. Was ist mit dem weiblichen Geschlecht? Beeinflussen die sozialen Erfahrungen während der Adoleszenz auch das spätere Verhalten der Weibchen? Bislang gibt es leider kaum Untersuchungen, die auf diese Fragen eine verlässliche Antwort geben. Erste Studien dazu an Hausmeerschweinchen warteten allerdings mit einer Überraschung auf: Unabhängig von ihren sozialen Erfahrungen während der Adoleszenz und im krassen Gegensatz zu den Männchen arrangierten sich Weibchen in jeder Lebensphase stress- und aggressionsarm mit unbekannten Artgenossen beiderlei Geschlechts. So finden sie sich problemlos in fremden Kolonien zurecht, unabhängig davon, ob sie zuvor in einer Kolonie oder paarweise gelebt haben.

Dass soziale Erfahrungen während der Adoleszenz gravierende Auswirkungen auf das Verhalten der Männchen haben, wurde mittlerweile auch durch Untersuchungen mit Affen, Raub- und anderen Nagetieren bestätigt. Interessanterweise werden solche Auswirkungen nicht nur bei Säugetieren beschrieben. Diese Erkenntnis trifft auch auf Zebrafinken zu: So sind Männchen, die in dieser Phase paarweise leben, in ihrem späteren Leben ziemlich aggressiv gegenüber Fremden. Artgenossen, die aus Kolonien stammen, verhalten sich hingegen in der gleichen Situation wesentlich verträglicher. Kein Zweifel also, diese Forschungsergebnisse an den unterschiedlichsten Arten führen zu der allgemeinen Erkenntnis: Das Verhalten im Erwachsenenalter wird nicht nur durch die Umwelt in den frühen Phasen der Entwicklung geformt, sondern entscheidend auch durch soziale Erfahrungen während der Adoleszenz.

Wie stark sich allerdings die sozialen Erfahrungen tatsächlich im späteren Verhalten niederschlagen, wird wiederum auch durch den Genotyp moduliert. Schon bei der Beschäftigung mit der Kindheit haben wir gesehen: Tiere können bei vergleichbarer Sozialisation auf ein und dasselbe Ereignis völlig unterschiedlich reagieren, je nachdem, welche Gene sie von ihren Eltern geerbt haben. Die wenigen Untersuchungen, die sich diesem Thema bisher gewidmet haben, zeigen, dass ein solcher Zusammenhang auch während der Adoleszenz besteht. So fanden wir in einer Studie an Mäusen heraus: Wenn Männchen während der Adoleszenz in Auseinandersetzungen mit Rivalen verwickelt sind und dabei die Erfahrung machen, ein Verlierer zu sein, dann werden sie sich in Zukunft ängstlicher verhalten. Wie stark sich eine solche Loser-Erfahrung aber auf jedes einzelne Tier auswirkt, hängt wesentlich von der Beschaffenheit seines SERT-Gens ab. Ist kein intaktes SERT-Allel vorhanden, nimmt die Ängstlichkeit nach einer Niederlage deutlich zu. Besteht es aus zwei intakten SERT-Allelen, sind die Auswirkungen kaum der Rede wert. Verfügen die Mäuse über ein intaktes und ein defektes SERT-Allel, liegt ihre Reaktion zwischen jener der beiden anderen Genotypen.

Adoleszenz: eine Phase der Anpassung

Die meisten Menschen würden ein Tier, das sich friedlich mit unbekannten Artgenossen arrangiert, für sympathischer halten als ein Tier, das auf Fremde hochaggressiv reagiert. Hätte man zum Beispiel die Wahl zwischen zwei Hunden mit solch unterschiedlichem Wesen, würde man sich wahrscheinlich für das friedfertige Tier entscheiden. Auch beim Meerschweinchen liegt der Schluss nahe, dass die Männchen in großen Kolonien besser als in der Einzel- oder Paarhaltung sozialisiert werden.

Zu einer völlig anderen Bewertung kommt man allerdings aus evolutionsbiologischer Sicht, in der es um den Fortpflanzungserfolg geht. Die entscheidende Frage lautet dann nicht, welches Individuum aus menschlicher Sicht besser sozialisiert wurde und somit das angenehmere Wesen hat, sondern: Welches Verhaltensmuster – friedlich-relaxed oder aggressiv-gestresst – trägt dazu bei, um sich möglichst erfolgreich zu reproduzieren? Wie wir im Folgenden sehen werden, ergeben sich völlig unterschiedliche Antworten, je nachdem, in welchem sozialen Umfeld das Tier gerade lebt.

Für ein männliches Hausmeerschweinchen stellt das friedfertig-relaxte Verhaltensprofil, das die heranwachsenden Männchen während der Adoleszenz in den Kolonien erwerben, eine perfekte Anpassung dar, um sich in bestehende oder fremde Sozialverbände zu integrieren. So können sie zu einem späteren Zeitpunkt eine Alpha-Position übernehmen und sich reproduzieren. Ein Männchen mit aggressiv-gestresstem Profil hat kaum Chancen, in einer solchen Koloniesituation zu bestehen.

Wie sieht die Situation für ein gleichaltriges Männchen aus, das nicht in einer großen Kolonie herangewachsen ist, sondern seit der frühen Adoleszenz mit einem Weibchen zusammenlebt? Dieses Individuum lebt glücklich und zufrieden mit seiner Partnerin und pflanzt sich regelmäßig mit ihr fort. Angenommen, plötzlich taucht ein Rivale auf. Wie sollte es reagieren? Aus evolutionsbiologischer Perspektive sollte es den Opponenten vehement attackieren und versuchen, ihn in die Flucht zu schlagen. Denn nur so ist sein Fortpflanzungserfolg weiter garantiert. Eine hohe Aggressivität ist in dieser Situation von großem Vorteil, ebenso eine starke Ausschüttung des Cortisols. Denn um sich aggressiv verhalten zu können, braucht der Organismus Energie, die durch den starken Anstieg der Stresshormone schnell zur Verfügung gestellt wird. Im zweiten Kapitel hatten wir bereits erfahren, dass die Ausschüttung der Stresshormone den Körper in die Lage versetzt, schnell und effektiv zu reagieren. Das hochaggressive Verhalten der Paarmännchen gegenüber fremden Artgenossen stellt in dieser Situation eine ebenso perfekte Anpassung dar wie das friedlich-relaxte Verhalten der Koloniemännchen bei der Integration in fremde Sozialverbände.

Dass ein aggressiv-gestresstes Verhaltensprofil tatsächlich von Vorteil ist, wenn in kämpferischen Auseinandersetzungen über den Fortpflanzungserfolg entschieden wird, hat Tobias Zimmermann aus unserem Team überzeugend in seiner Doktorarbeit gezeigt: Er bildete Gruppen, die aus zwei weiblichen und zwei männlichen Meerschweinchen bestanden. Jeweils eines der Männchen war während der Adoleszenz in einer großen Kolonie aufgewachsen, das andere hatte diese Zeit mit einem Weibchen verbracht. Wie zu erwarten, waren die Männchen aus der Paarhaltung aggressiver und zeigten stärkere Stressreaktionen als ihre Rivalen aus der Koloniehaltung. Entsprechend griffen sie sofort nach dem Zusammensetzen an und dominierten ihre Gegner in den allermeisten Gruppen bereits nach wenigen Stunden. Die Weibchen zeigten zunächst keine Präferenz für eines der beiden Männchen, orientierten sich dann aber fast ausschließlich auf das dominante Männchen ihrer Gruppe. Wie Vaterschaftsuntersuchungen mit Hilfe des genetischen Fingerabdrucks zeigten, zahlte sich die aggressive Verhaltensstrategie aus: Die Männchen aus der Paarhaltung zeugten in dieser Situation wesentlich mehr Nachkommen als ihre Konkurrenten, die in Kolonien aufgewachsen waren und während der Adoleszenz ein friedfertig-relaxtes Verhaltensprofil erworben hatten.

Wenn es um den Fortpflanzungserfolg geht, ist also weder ein friedfertig-relaxtes noch ein aggressiv-gestresstes Verhalten grundsätzlich die bessere Option. Vielmehr hängt das, was optimal ist, von der sozialen Umwelt ab, in der sich die Tiere befinden. In Situationen, in denen in kämpferischen Auseinandersetzungen um wichtige Ressourcen wie Territorien oder den Paarungspartner konkurriert wird, erweist sich ein aggressives Profil eher als vorteilhaft. In Sozialsystemen, in denen es darum geht, sich erst einmal hinten anzustellen, kommt man mit einem friedfertig-relaxten Verhalten wesentlich weiter. Diese unterschiedlichen Verhaltensstrategien sind bei Säugetieren aber nicht angeboren. Es sind vielmehr die sozialen Erfahrungen während der Adoleszenz, die sie formen und die Tiere so an genau die Bedingungen anpassen, unter denen sie gerade leben.

Generell wird die Adoleszenz als der Lebensabschnitt betrachtet, in dem es zur endgültigen Ausformung des Verhaltens kommt. Anders als in der pränatalen Phase nehmen die Tiere ihre Umwelt jetzt mit den eigenen Sinnen wahr. Und anders als in der Kindheit wird ihr Verhalten nicht länger durch die Eltern beeinflusst. In dieser Situation kommt es zu einer Überprüfung des Verhaltensprofils, ganz so, als würden sich die Heranwachsenden fragen: Hat mir meine Mutter das richtige Verhalten und Temperament mit auf den Weg gegeben? Bin ich tatsächlich gut an meine Umwelt angepasst?

Dieser Abgleich während der Adoleszenz ist in der Tat sinnvoll, denn die Umwelt lässt sich in den frühen Phasen der Entwicklung nicht immer korrekt und in allen Aspekten vorhersagen. Die Lebensbedingungen können sich durchaus verändern: Aus einer stabilen sozialen Umwelt kann eine instabile werden, die Anzahl der Interaktionspartner kann sich drastisch erhöhen oder verringern. Wenn sich das Verhaltensprofil in der Adoleszenz als nicht brauchbar für die aktuellen Umweltbedingungen erweist, lässt es sich in dieser Phase – vielleicht letztmals – grundlegend verändern. Darüber hinaus scheinen sich bestimmte Verhaltensmerkmale vor allem in dieser Phase herauszubilden, beispielsweise, ob man friedlich oder aggressiv auf Fremde reagiert. Die Adoleszenz ist also ein sensibler Lebensabschnitt, in dem Korrekturen des bisherigen Verhaltensprofils vorgenommen werden können und Neuanpassungen möglich sind. Danach sollte das Tier bestmöglich an die soziale Umwelt angepasst sein.

Nach dem aktuellen Stand des Wissens ist die Ausformung des Verhaltens ein Prozess, der von der pränatalen Phase über die Kindheit bis hin zur Adoleszenz reicht. Konsequenterweise muss nun die Frage gestellt werden, ob es auch nach der Adoleszenz weitere sensible Phasen im Laufe des Lebens geben könnte, in denen Umwelteinflüsse besonders prägende Auswirkungen auf das weitere Verhalten haben. Soweit wir bisher wissen, kann sich das Verhalten der Säugetiere infolge sozialer Erfahrungen auch im Erwachsenenalter noch drastisch verändern. So sind Siege und Niederlagen beim Kampf um Territorien, Auf- oder Abstiege in der sozialen Hierarchie oder der Gewinn oder Verlust sozialer Bindungspartner Aspekte des sozialen Lebens, die mit starken Veränderungen im Hormonhaushalt, in den Nervenschaltkreisen und im Verhalten einhergehen.

Ferner können auch Tiere ein Leben lang Neues lernen. Das gilt für den 12-jährigen Schäferhund ebenso wie für den 30-jährigen Delfin oder den 50-jährigen Elefanten, wenngleich sich dieser Vorgang im hohen Alter deutlich schwieriger gestaltet als in der Kindheit oder Jugend. Die wesentlichen Ausformungen des Verhaltens vollziehen sich bis zum Ende der Adoleszenz, weitere Veränderungen sind dennoch bis ins hohe Alter möglich.

Die Entdeckung der Individualität

Nach allem, was wir bisher gehört haben, verwundert es nicht, dass sich erwachsene Tiere derselben Art deutlich in ihrem Verhalten und Temperament unterscheiden. Denn durch das Zusammenspiel von genetischer Veranlagung und sozialen Erfahrungen in den unterschiedlichen Phasen der Entwicklung bilden sich auch bei Tieren einzigartige Charaktere heraus. Die Untersuchung solcher «Tierpersönlichkeiten» ist in den letzten Jahren immer stärker in den Fokus der verhaltensbiologischen Forschung geraten. So wurden seit der Jahrtausendwende bereits mehr als 5000 wissenschaftliche Artikel zum Thema «Animal Personality» / «Tierpersönlichkeit» publiziert.

Bestätigt wurde für nahezu alle daraufhin analysierten Arten: Tiere derselben Population differieren nicht nur in ihrem Temperament und Verhalten, diese Unterschiede sind auch über lange Zeiträume stabil. Wenn Tier A heute aktiver und mutiger ist als Tier B, dann war es das in aller Regel auch vor vier Wochen und wird es auch in einem Monat sein. Auf den ersten Blick mag diese Erkenntnis nicht besonders spannend erscheinen. Von Schimpansen, Elefanten oder Delfinen hätte man nichts anderes erwartet, und auch jeder Hundehalter weiß: Luna ist anders als Emma, und Henry ist anders als Balu. Spektakulär wird diese Erkenntnis allerdings, wenn man den Blick auf natürliche Populationen von Singvögeln, Fischen, Reptilien und selbst Insekten wirft. Auch diese Tiere sind dauerhaft verschieden: Es bilden sich unverwechselbare Tierpersönlichkeiten heraus.

Schauen wir uns ein Beispiel aus der Forschung etwas genauer an: Über viele Jahre hinweg wurden Populationen von Kohlmeisen in Belgien, Deutschland, Holland und Großbritannien untersucht. Die Vögel wurden aus ihrem natürlichen Lebensraum genommen und am nächsten Tag in eine große Voliere eingesetzt, in der sich fünf Bäume befanden. Die Vögel flogen umher, hüpften von Ast zu Ast, um so das unbekannte Terrain kennenzulernen. Die Forscher beobachteten das Erkundungsverhalten jedes einzelnen Tieres bis ins kleinste Detail und stellten fest, dass große Unterschiede zwischen den einzelnen Meisen bestanden. Manche waren sehr mutig und explorierten die neue Umwelt rasch, andere verhielten sich zögerlich, waren zurückhaltendscheu. Wieder andere lagen in ihrem Temperament irgendwo zwischen diesen Extremen. Nach Abschluss der Beobachtungen wurde jedes Tier wieder in seinen natürlichen Lebensraum entlassen, dorthin, wo es tags zuvor entnommen worden war.

Einige Monate später gelang es dann, einen Teil der Kohlmeisen abermals einzufangen und auf ihre Erkundungsfreude hin zu untersuchen. Nun zeigte sich etwas Bemerkenswertes: Je mutiger ein Tier im Vergleich zu den anderen Artgenossen vor Monaten gewesen war, desto mutiger war es auch jetzt. Und je zögerlicher es sich in der ersten Untersuchung verhalten hatte, desto zurückhaltender war es auch im zweiten. Es existierten also Unterschiede in den Persönlichkeiten der einzelnen Tiere, die über viele Monate hin Bestand hatten.

Neuere Untersuchungen zeigen, dass solche «Animal Personalities» selbst bei wirbellosen Tieren vorkommen. So unterscheiden sich Blattkäfer sehr deutlich darin, wie schnell und aktiv verschiedene Individuen eine fremde Umgebung explorieren. Wird das Verhalten derselben Tiere vier Wochen später abermals in einem fremden Terrain untersucht, so zeigt sich auch hier: Je couragierter ein Käfer im ersten Durchgang war, desto mutiger ist er auch im zweiten.

Bis vor wenigen Jahren hätte an Untersuchungen wie jener mit den Kohlmeisen vor allem interessiert, ob die Tiere in England generell explorationsfreudiger sind als in Belgien und in einem Waldgebiet in den Niederlanden im Durchschnitt mutiger als ihre Artgenossen am Starnberger See. Hierfür wäre für jede Population ein Mittelwert der Erkundungsfreude berechnet worden einschließlich der Streuung der Werte um diesen Mittelwert herum. Die Streuung der Werte wäre eher als ein Rauschen bewertet worden, das nicht weiter von wissenschaftlichem Interesse ist. Diese Sichtweise hat sich gravierend verändert. Das Individuum ist in das Zentrum der Betrachtung gerückt. Die Streuung um den Mittelwert wird nicht mehr als zufälliges Rauschen, sondern als Ausdruck von Individualität gesehen.

Die Erforschung von Tierpersönlichkeiten erbrachte darüber hinaus eine weitere Erkenntnis: Häufig sind verschiedene Verhaltensaspekte starr miteinander gekoppelt, sodass es zur Ausbildung sogenannter «Verhaltenssyndrome» kommt. Was damit gemeint ist, lässt sich gut anhand von Stichlingen erläutern. So wurde ein Schwarm dieser Tiere zunächst daraufhin untersucht, wie schnell jedes einzelne Tier ein unbekanntes Aquarium erkundet. Wiederum zeigten sich individuell sehr unterschiedliche Verhaltensmuster. Es gab hochaktive Tiere und eher passive und auch solche, deren Verhalten dazwischenlag. In einem zweiten Test wurde dann für dieselben Fische ermittelt, wie sie sich gegenüber unbekannten Artgenossen verhalten. Erneut zeigten sich sehr unterschiedliche Reaktionen, die von hochaggressiv bis zu vollkommen friedlich reichten. Schließlich wurde in einem dritten Test gemessen, wie schnell die Stichlinge nach einem simulierten Reiherangriff wieder zu fressen begannen. Auch hier reichte das Spektrum von mutigen Tieren, die relativ schnell wieder Nahrung zu sich nahmen, bis hin zu Artgenossen, denen der Appetit erst einmal vergangen war.

Interessanterweise war das Verhalten der Tiere in den unterschiedlichen Situationen – Erkundung, Auseinandersetzung mit einem Artgenossen, Feindvermeidung – nicht unabhängig voneinander, sondern es bestand eine starke Kopplung: Verhielt sich ein Stichling in einer neuen Umgebung erkundungsfreudig, dann war er auch aggressiv gegenüber Artgenossen und begann nach Feindkontakt schnell wieder mit dem Fressen. Wenn ein Fisch die unbekannte Umwelt jedoch nur zögerlich explorierte, dann verhielt er sich auch friedlich gegenüber anderen Stichlingen und fraß nach einem Reiherangriff erst einmal nicht. Es gab offenbar eine Kopplung von Aktivität, Aggression und Mut, ebenso wie von Passivität, Friedfertigkeit und Zurückhaltung.

In der Tat zeigen zahlreiche Untersuchungen an den verschiedensten Tierarten, dass solche Verknüpfungen unterschiedlicher Verhaltenssysteme häufig bestehen. So gilt für Stichling, Blattkäfer oder Ratte: Je aktiver und mutiger sich ein Tier in einer neuen Umgebung verhält, desto aktiver und mutiger ist es auch in anderen Lebensbereichen.

Die Forschungen zur Tierpersönlichkeit haben aber auch unsere Vorstellungen über die Wandlungsfähigkeit des Tierverhaltens in Frage gestellt. Traditionell wurde ihr Verhalten als ein flexibles Merkmal betrachtet, das je nach Situation nahezu beliebig verändert werden kann. Denn die natürliche Selektion sollte solche Tiere fördern, die sich in möglichst jeder Lebenslage optimal verhalten. Demnach wäre es das Beste, in Situationen, in denen Mut zählt, couragierter als alle anderen zu sein, sich in Situationen, in denen Ängstlichkeit von Vorteil ist, jedoch stärker als alle anderen zurückzuhalten. Wie wir gerade gesehen haben, verhalten sich Tiere so aber nicht. Vielmehr sind der Anpassungsfähigkeit des individuellen Verhaltens Grenzen gesetzt. Auch ein Tier ist, wie es ist. Es hat einen Charakter, eine Tierpersönlichkeit, die sich in vielen Lebenslagen zeigt und nicht beliebig verändert werden kann.

Wie ist das zu erklären? Offenbar ist es mit erheblichem Aufwand verbunden, ein einmal ausgebildetes Verhaltensprofil abzuwandeln. Dafür müssen neue Nervenschaltkreise gebildet und bestehende an- oder abgeschaltet werden. Hormonelle Regelsysteme sind neu zu justieren. Dies alles nimmt Zeit in Anspruch und benötigt Energie. Deshalb wird in der Verhaltensbiologie in diesem Zusammenhang auch von den Kosten der Verhaltensflexibilität gesprochen. Diese Kosten führen letztlich dazu, dass Tiere ihr Verhalten eben nicht immer wieder neu an alle möglichen Situationen anpassen. Vielmehr werden relativ stabile Verhaltensprofile ausgebildet, von denen dann allerdings keines optimal an alle Lebenslagen angepasst ist. Ein mutiger Persönlichkeitstyp könnte gewisse Vorteile bei der Nahrungssuche haben, dafür aber Nachteile bei der Feindvermeidung. Ein aggressiver Persönlichkeitstyp könnte sich als erfolgreich bei der Auseinandersetzung mit Rivalen erweisen, aber nicht völlig perfekt für die Partnerwahl sein. Evolutionsbiologische Überlegungen kommen zu dem Schluss, dass unterschiedliche Persönlichkeitstypen in ein und derselben Population nebeneinander existieren können, allerdings nur dann, wenn sie einen vergleichbaren Fortpflanzungserfolg haben. Denn die natürliche Selektion bewertet letztlich, wie effizient jedes Tier Kopien der eigenen Gene in die nächste Generation weitergibt. Das heißt aber auch: Sollte ein bestimmter Persönlichkeitstyp einen nur geringen oder gar keinen Fortpflanzungserfolg aufweisen, würde er aus der Population verschwinden.

Einen völlig anderen, aber nicht weniger spannenden Aspekt zum Thema «Individualität» untersuchten wir kürzlich mit einem interdisziplinären Team aus Verhaltensforschern, Neurobiologen, Psychologen und Informatikern. Wir sagten uns: Alle Welt geht davon aus, dass das unverwechselbare Verhaltensprofil eines jeden Tieres und Menschen aus dem Zusammenspiel von erblicher Veranlagung und Umwelteinflüssen entsteht.

Was geschieht aber, wenn alle Individuen den gleichen Genotyp besitzen und alle in derselben Umwelt leben? Kommt es auch dann zur Ausbildung von Tierpersönlichkeiten, die dauerhaft verschieden zwischen den Individuen sind?

Um diese Frage zu beantworten, setzten wir 40 weibliche Mäuse, die alle die gleichen Gene trugen, im Alter von vier Wochen in das reich strukturierte, scheunenähnliche Gehege ein, das bereits im fünften Kapitel beschrieben wurde. Alle Mäuse trugen winzige Chips, und überall im Gehege befanden sich Antennen, die ein Signal auslösten, sobald eine Maus in ihre Nähe kam. In Echtzeit wurde dann in eine Datenbank eingelesen, wann sich welche Maus wo befand. Über einen Zeitraum von drei Monaten wurden so die Bewegungen aller Tiere Tag und Nacht lückenlos erfasst.

Die Auswertung dieser Abermillionen von Daten zeigte: Zunächst bestanden kaum Unterschiede darin, wie die Tiere ihre Umwelt erkundeten. Nach und nach bildeten sich aber verschiedene Charaktere heraus. Manche Mäuse waren höchst aktiv und nahezu an jeder Stelle des Geheges anzutreffen. Andere hielten sich fast die ganze Zeit an lokal begrenzten Orten auf. Wieder andere zeigten ein Muster, das zwischen den beiden Extremen lag. Im Laufe der Monate bildete sich letztlich für nahezu jedes Tier ein stabiles, charakteristisches Muster heraus. Zusammengefasst führt diese Untersuchung zu der spektakulären Erkenntnis: Selbst genetisch identische Tiere, die in derselben Umwelt leben, entwickeln Verhaltensprofile, die sich klar voneinander unterscheiden.

Fazit

Bei Säugetieren ist die Ausformung des Verhaltens ein Prozess, der von der pränatalen Phase über die Kindheit bis hin zur Adoleszenz reicht. Dabei spielt die soziale Umwelt eine herausragende Rolle. In den frühen Phasen der Entwicklung beeinflusst insbesondere die Mutter die Gehirnentwicklung der Nachkommen und passt so das Verhalten ihrer Söhne und Töchter an die Umwelt an. Aufgrund unterschiedlicher genetischer Ausstattungen können jedoch die einzelnen Nachkommen verschieden auf das Verhalten der Mutter und anderer Sozialpartner reagieren. Aufgrund dieses Zusammenspiels von Veranlagung und Umwelt bilden sich charakteristische Verhaltensmuster heraus. Während der Adoleszenz kommt es dann zur endgültigen Ausformung des Verhaltens. In diesem Lebensabschnitt lässt sich das bisherige Verhaltensprofil – vielleicht letztmals – durch soziale Erfahrungen grundlegend verändern. Danach sollte das Individuum bestmöglich an seine Umwelt angepasst sein.

In den letzten Jahren sind die einzigartigen Tierpersönlichkeiten, die sich im Laufe des Lebens entwickeln, in das Zentrum des Forschungsinteresses gerückt. Auch wenn noch viele Fragen offen sind, lässt sich bereits jetzt konstatieren: Individuelle Verschiedenheit ist ein Grundmerkmal des Verhaltens. Ein umfassendes Verständnis von Tieren ist nur möglich, wenn diese Erkenntnis berücksichtigt wird.

KAPITEL 7

SIE HELFEN UND SIE TÖTEN

*Die soziobiologische Revolution
und der Egoismus der Gene*

Im Jahr 1975 veröffentliche der US-amerikanische Biologe Edward O. Wilson sein fundamentales Buch «Sociobiology – The New Synthesis». Damit prägte er den Begriff «Soziobiologie» für eine neue Teildisziplin der Verhaltensbiologie, deren Grundlagen bereits Jahre zuvor von Wissenschaftlern wie William Hamilton oder Robert Trivers gelegt worden waren.

Laut Wilson ist es das Ziel der Soziobiologie, die biologischen Grundlagen allen Sozialverhaltens zu entschlüsseln, um das soziale Leben der Tiere einschließlich des Menschen besser zu verstehen. Indem die Soziobiologie die Evolutionstheorie systematisch auf das Sozialverhalten der Insekten, Fische, Vögel und Säugetiere anwendet, erscheinen die Beziehungen der Tiere untereinander, ihre Hilfeleistungen für andere, aber auch das Töten von Artgenossen oder die Rolle der Geschlechter in einem völlig anderen Licht.

In der Verhaltensbiologie wurde die neue Theorie zunächst zögernd, dann aber mit Begeisterung aufgenommen und hat sich als Erklärungsansatz für die Funktion und evolutive Entwicklung tierlichen Verhaltens durchgesetzt. Indem Wilson aber den Menschen ausdrücklich in seine Überlegungen und provozierenden Thesen einbezog, erregte er auch das Interesse und bald den Widerspruch der Humanwissenschaften. Um den Begriff «Soziobiologie» sowie die Thesen dieser Disziplin entspann sich eine öffentliche Debatte. Ob beziehungsweise inwieweit die Soziobiologie tatsächlich umfassende Erklärungen für das Verhalten des Menschen liefern kann, ist nach wie vor höchst umstritten, soll aber nicht Gegenstand dieses Kapitels sein. Hier wird es vielmehr darum gehen, welch gravierende Veränderung die soziobiologische Revolution für das Verständnis des Sozialverhaltens der Tiere gebracht hat. Dazu muss zunächst aber auf Charles Darwin und seine Evolutionstheorie zurückgegriffen werden.

Darwins Problem

In seinem Buch «On the Origin of Species»/«Über die Entstehung der Arten» benannte Darwin zwei Faktoren, die der biologischen Evolution zugrunde liegen. Erstens muss es innerhalb jeder Tier- und Pflanzenart Unterschiede zwischen den einzelnen Individuen geben, die zumindest teilweise erblich bedingt sind und entsprechend von Generation zu Generation weitervererbt werden. Zweitens müssen sich die Individuen in ihrem Fortpflanzungserfolg unterscheiden.

Was mit dem ersten Punkt gemeint ist, lässt sich gut an unserer eigenen Spezies veranschaulichen: Es gibt große und kleine Menschen, mit blauen, braunen oder schwarzen Augen, mit unterschiedlicher Haut- und Haarfarbe, mit verschiedenem Körpergewicht. Diese Unterschiede beruhen einerseits auf unterschiedlicher genetischer Ausstattung, die von den Eltern auf die Kinder vererbt werden. Andererseits können sich je nach Merkmal aber auch Umwelteinflüsse mehr oder minder stark geltend machen. Während zum Beispiel die Augenfarbe des Menschen durch Umwelteinflüsse fast nicht modifiziert wird, diese Unterschiede zwischen Individuen also nahezu ausschließlich auf genetischen Unterschieden beruhen, können Merkmale wie die Körpergröße oder das Gewicht durch Umweltfaktoren, zum Beispiel die Ernährung, wesentlich beeinflusst werden. Für die biologische Evolution spielt aber nur der erbliche Anteil an den jeweiligen Merkmalen eine Rolle.

Was den zweiten Punkt anbelangt, postulierte Darwin, dass innerhalb jeder Art einige Individuen viele, andere wenige und wieder andere überhaupt keine Nachkommen hinterlassen. Dass dem tatsächlich so ist, konnte die verhaltensbiologische Forschung an einer Vielzahl von Tierarten belegen. So wurde eine Population von Rothirschen auf einer kleinen schottischen Insel über viele Jahre hinweg untersucht. Die Weibchen bringen hier über ihr gesamtes Leben betrachtet im Mittel vier bis fünf überlebensfähige Kälber zur Welt. Während einige Tiere jedoch bis zu 13 Nachkommen haben, hat etwa ein Drittel der Weibchen überhaupt keinen Fortpflanzungserfolg. Zwischen den Männchen sind die Unterschiede sogar noch größer: Einige wenige zeugen bis zu 24 Nachkommen, während mehr als 40 Prozent der Männchen überhaupt keine Nachkommen haben.

Wie Darwin erkannte, führt die Kopplung dieser beiden Faktoren – erblich bedingte Unterschiede im Aussehen sowie den physiologischen und Verhaltensmerkmalen eines Organismus in Kombination mit individuell unterschiedlichem Fortpflanzungserfolg – zu langfristigen Veränderungen in der genetischen Zusammensetzung einer Population. Wenn also Tiere mit bestimmten genetisch bedingten Merkmalen mehr überlebende Nachkommen hinterlassen als andere Individuen mit anderen Merkmalen, dann werden ihre Merkmale in der Population zahlreicher vorkommen. Und genau das zeichnet den Evolutionsprozess aus.

Was bestimmt nun aber die unterschiedliche Anzahl von

überlebenden Nachkommen? Bei seiner Antwort ging Darwin von zwei Tatsachen aus, die zu seiner Zeit bereits gut bekannt waren. Erstens: Jede Tierart bringt weit mehr Nachkommen zur Welt, als zum Aufbau und Erhalt der nächsten Generation nötig sind. Zweitens: Die Anzahl der Tiere bleibt aber dennoch bei den allermeisten Arten über viele Generationen betrachtet nahezu konstant.

Darwin löste diesen scheinbaren Widerspruch auf. Er erkannte, dass der Großteil aller Nachkommen zugrunde geht, nur wenige bis zur Geschlechtsreife überleben und noch weniger sich anschließend fortpflanzen. So produziert bei einer pazifischen Art des Lachses ein erwachsenes Weibchen cirka 6000 Eier, die von einem einzigen Männchen befruchtet werden. Wenn aber die Zahl der Tiere von Generation zu Generation in etwa gleich bleibt, so bedeutet das: Aus den 6000 befruchteten Eiern entstehen im Mittel nur ein einziges Weibchen und ein einziges Männchen, die sich im Alter von fünf Jahren fortpflanzen. Entsprechendes wurde in Populationen von Silbermöwen beobachtet: Ein gutes Paar produziert drei Eier pro Brutsaison, rund 30 Eier während seiner gesamten Lebensspanne. Aus diesen Eiern entwickeln sich, statistisch gesehen, ebenfalls nur zwei erwachsene Silbermöwen, die ihrerseits Nachkommen zeugen. Dabei finden die größten Verluste bereits vor Erreichen der Geschlechtsreife statt. In manchen Populationen schlüpfen aus 25 Prozent der gelegten Eier keinerlei Jungtiere. Von den geschlüpften Jungtieren sterben etwa 40 Prozent, bevor sie flügge werden, die meisten in der ersten Lebenswoche, und weitere 40 Prozent überleben den Winter nicht.

Darwin fand heraus, dass es durchaus kein Zufall ist, welche Tiere überleben und sich fortpflanzen und welche zugrunde gehen. Eher als ihre dazu weniger befähigten Artgenossen überleben solche Individuen und pflanzen sich fort, die aufgrund ihrer genetischen Ausstattung besser an ihre Umwelt angepasst sind und also Fressfeinde schneller erkennen, Nahrung besser verwerten, Paarungspartner effektiver umwerben oder ihre Nachkommen besser versorgen. Die genetische Ausstattung, die es den Eltern erlaubt hat, zu überleben und sich erfolgreich fortzupflanzen, wird in die nächste Generation weitergegeben, während die genetische Ausstattung derjenigen Individuen, die sich nicht fortpflanzten, verloren geht.

Dieser Vorgang der natürlichen Selektion passt die Tiere einer Population immer besser an ihre Umwelt an. Gleichzeitig führt er dazu, dass ihr Verhalten auf ein wesentliches Ziel hin programmiert wird: ihre Gene höchst effizient in eine nächste Generation zu übertragen. Das heißt: Das ultimate Ziel allen tierlichen Verhaltens ist die Maximierung des eigenen Fortpflanzungserfolgs, evolutionsbiologisch ausgedrückt: die Maximierung der Darwin'schen Fitness.

Viele Jahrzehnte lang hatte diese Theorie aber ein riesiges Problem. Denn sie postuliert damit: Tiere sollten durch das Wirken der natürlichen Selektion «programmiert» sein, sich egoistisch zu verhalten. Sie sollten ihr Verhalten in den Dienst der *eigenen* Fortpflanzung stellen und alles Mögliche dafür tun, die *eigenen* Gene in die nächste Generation weiterzugeben. Es sollte das Prinzip Eigennutz herrschen, wie es der deutsche Verhaltensforscher Wolfgang Wickler treffend formuliert hat. Schaut man sich jedoch im Tierreich um, so stößt man schnell auf Beispiele, die diesem Prinzip zu widersprechen scheinen.

Viele Bienen und Wespen und alle Ameisen leben in Staaten. Die einzelnen Tiere sind dabei verschiedenen Kasten zugeordnet, die unterschiedliche Aufgaben erfüllen. So ist die Königin für die Fortpflanzung zuständig, während die Arbeiterinnen die Brutpflege übernehmen oder als Soldatinnen die Kolonie verteidigen. Bemerkenswerterweise sind die Arbeiterinnen steril; sie pflanzen sich nicht fort.

Und hier liegt das Problem: Wie kann die natürliche Selektion Kinderlosigkeit begünstigen, wenn sie elementar Nachkommenzahlen positiv bewertet? Für die Königin ist es zweifellos von Vorteil, wenn ihre Arbeiterinnen sie und ihre Nachkommen ernähren oder sich bei der Abwehr von Feinden aufopfern, für die Arbeiterinnen selbst scheint dies jedoch nur von Nachteil zu sein. Die Warnrufe vieler Vögel und Säugetiere sind ein weiteres Beispiel. Wenn ein Tier einen Raubfeind entdeckt, gibt es einen Alarmruf von sich, und alle Tiere in der Umgebung bringen sich augenblicklich in Sicherheit. Damit lenkt aber das warnende Tier die Aufmerksamkeit des Raubfeindes häufig auf sich selbst und erhöht damit die Gefahr, getötet zu werden. Dieses auf den ersten Blick uneigennützige Verhalten scheint nicht mit der Darwin'schen Evolutionstheorie vereinbar. Es erhöht die Überlebenswahrscheinlichkeit der anderen Artgenossen und damit auch deren Chance, sich erfolgreich fortzupflanzen, während es das eigene Überleben und den eigenen zukünftigen Fortpflanzungserfolg in Frage stellt. Wenn Fitnessmaximierung das Ziel des Verhaltens ist, warum läuft das Tier dann nicht davon, ohne zu warnen und sich dadurch in Gefahr zu bringen?

Ein drittes Beispiel ist das Gemeinschaftssäugen vieler Säugetiere. So versorgen Mäuse- und Löwenmütter nicht nur ihre eigenen Babys mit Milch, sondern auch die Nachkommen anderer Weibchen. Aber warum tun sie das? Wenn doch nur die Anzahl der eigenen Jungen zählt, dann sollten sie nach der Darwin'schen Evolutionstheorie all ihre Ressourcen für den eigenen Nachwuchs reservieren, anstatt sie für die positive Entwicklung anderer Artgenossen einzusetzen.

Bemerkenswerterweise hat Darwin selbst klar erkannt, dass seine Evolutionstheorie die Entstehung solch uneigennützig erscheinenden Verhaltens nicht schlüssig erklären kann. Vor allem die Frage, wie die natürliche Selektion die sterilen Kasten staatenbildender Insekten hervorgebracht haben könnte, bereitete ihm Kopfzerbrechen. Er fand hierfür keine befriedigende

Lösung, kam ihr aus heutiger Sicht aber bereits sehr nahe, als er vermutete, dass sie etwas mit den Verwandtschaftsverhältnissen zwischen den Tieren zu tun haben müsste.

Von Irrtümern und Legenden

Einige Jahrzehnte später sahen Konrad Lorenz und die meisten Biologen seiner Zeit in der Erklärung uneigennützigen Verhaltens, das in der Fachliteratur häufig auch als altruistisch bezeichnet wird, kein Problem mehr. Denn im Gegensatz zu Darwin nahmen sie an, dass Tiere sich zum Wohle der Art verhalten und nicht um den eigenen Fortpflanzungserfolg zu maximieren. Vereinfacht ausgedrückt: Im Grunde sei es gleich, wer überlebt und wer stirbt, wer warnt und wer gefressen wird, wer sich fortpflanzt und wer die Brutpflege übernimmt – Hauptsache, die Art überlebt! Diese Vorstellung, dass Tiere sich zum Wohle der Art verhalten, ihr Verhalten in den Dienst der Arterhaltung stellen, sich für dieses Ziel sogar aufopfern, war noch bis in die 1990er Jahre in der Wissenschaft weit verbreitet. Und bis heute ist diese Auffassung in der öffentlichen Meinung und der populärwissenschaftlichen Berichterstattung noch allgegenwärtig.

Aber wir halten sie heute für falsch. Warum? Unnachahmlich hat der US-amerikanische Cartoonist Gary Larsson das Hauptargument auf den Punkt gebracht. In einem seiner Cartoons zeigt er, wie sich Lemminge einen Abhang hinunter ins Meer stürzen wollen. Er bezieht sich damit auf den Mythos, nach welchem diese Tiere zum Wohle der Art einen Massenselbstmord vollziehen, damit die wenigen Artgenossen, die sich nicht mit auf diese Wanderung begeben, mit genügend Ressourcen fortbestehen können. Dieser Mythos fußt auf Berichten, nach denen diese kleinen Nagetiere sich in großer Zahl auf Wanderschaft begeben sollen, wenn die Bevölkerungszahl zu hoch wird und nicht mehr alle Tiere Nahrung finden. So weit, so gut – einer der Lemminge in dem Cartoon unterscheidet sich allerdings deutlich von den anderen: Er trägt einen Rettungsring. Folgendes bringt der Karikaturist damit auf den Punkt: Die Vorstellung, alle Mitglieder einer Gemeinschaft verhielten sich zum Wohle der Gemeinschaft, funktioniert nur so lange, bis ein Tier auftaucht, das sich egoistisch verhält. Im Beispiel der Lemminge werden alle uneigennützigen Tiere, die zum Wohle der Art handeln, zugrunde gehen und damit auch ihre Gene. Der Egoist wird hingegen überleben und seine Gene weitergeben. In der Symbolik des Cartoons hieße das: Seine Söhne und Töchter werden ebenfalls Rettungsringe tragen. Damit wird das selbstlose Verhalten zum Wohle der Art über kurz oder lang aus der Bevölkerung verschwinden. Evolutionsbiologisch ausgedrückt, heißt dies: Selbstloses Verhalten ist nicht evolutionsstabil gegenüber egoistischen Mutanten.

Es wundert deshalb auch nicht, dass sich der Mythos von den suizidalen Massenwanderungen der Lemminge als Irrtum erwiesen hat. Richtig ist, dass die Zahl dieser kleinen Nagetiere, die die arktischen Gebiete der Nordhalbkugel bewohnen, regelmäßigen Zyklen von drei bis vier Jahren unterliegt. Dabei wachsen die Tierzahlen auf weit mehr als das Hundertfache an und brechen dann innerhalb kürzester Zeit zusammen, mit der Folge, dass anschließend nur noch wenige Tiere in dem Gebiet vorhanden sind. Danach beginnt das Spiel von vorn. Es gibt allerdings keinerlei biologische Fakten, die das Schrumpfen der Populationen durch einen Massenselbstmord erklären könnten. Für Halsbandlemminge, eine in Grönland lebende Art, haben Studien über Jahrzehnte nachgewiesen, dass die Populationen vor allem durch Raubtiere dezimiert werden, vor allem Hermeline, die mit zunehmender Zahl der Lemminge dann ebenfalls massenhaft in deren Lebensraum anzutreffen sind.

Gut vorstellbar ist auch, dass bei anderen Arten des Lemmings, die in Alaska oder Skandinavien leben, Nahrungsknappheit zu einer gesteigerten Emigration führt, tatsächlich also zu Wanderungen, und die lokale Zahl der Tiere stark zurückgeht. Solche Wanderungen sind nicht ungefährlich. Todesfälle dürften immer wieder vorkommen, zum Beispiel, wenn ein Gewässer durchquert werden muss. Dann wird sicherlich der eine oder andere Lemming ertrinken. Anekdotische Beobachtungen solcher Ereignisse könnten sehr gut die Grundlage der Massenselbstmord-Legende sein. Zu ihrer Popularisierung hat wahrscheinlich der Disney-Tierfilm «White Wilderness»/«Weiße Wildnis» aus dem Jahr 1958 beigetragen, der die Wanderungen der Lemminge angeblich dokumentiert. Der Sprung über die Klippen, der darin zu sehen ist, stellt indessen nicht das natürliche Verhalten der Tiere dar, sondern wurde für den Film im Studio medienwirksam inszeniert.

Die Bedeutung der Verwandtschaft: Belding-Ziesel rufen Alarm

Wenn sich auch der Massenselbstmord der Lemminge als Legende erwiesen hat, so fanden Forscherinnen und Forscher doch zahlreiche andere Beispiele scheinbar selbstlosen Verhaltens, alle zweifelsfrei wissenschaftlich nachgewiesen. Dazu gehören auch das bereits erwähnte Säugen fremder Nachkommen, das Warnen anderer Artgenossen oder das Sicheinfügen in sterile Kasten. Wie kann ein solches Verhalten aber im Laufe der Evolution entstehen, wenn es gegenüber egoistischen Mutanten nicht evolutionsstabil ist? Es war der britische Biologe William Hamilton, der Mitte der 1960er Jahre mit seinen theoretischen Arbeiten eine wesentliche Antwort auf diese Fragen gab: Der

Schlüssel zum Verständnis des Phänomens sind die Verwandtschaftsverhältnisse der Tiere untereinander.

Sehr klar zeigt dies eine beeindruckende Untersuchung des US-amerikanischen Verhaltensforschers Paul Sherman über die Alarmrufe von Belding-Zieseln. Diese zur Gruppe der Erdhörnchen gehörende Art lebt in großen Kolonien in den bergigen Regionen im Westen der USA. Die Tiere müssen ständig auf der Hut sein, sehen sie sich doch mit einer großen Anzahl von Fressfeinden konfrontiert, Greifvögel, Dachse, Coyoten, Marder und Wiesel. Nähert sich ein Bodenfeind einem Ziesel, so gibt er einen Alarmruf von sich, und alle Artgenossen bringen sich schnellstmöglich in Sicherheit. Mit dem bekannten Risiko: In Shermans Studie lenkten fast 10 Prozent der warnenden Ziesel die Aufmerksamkeit eines Bodenfeindes derart auf sich, dass sie gefressen wurden. Und 50 Prozent aller Ziesel, die insgesamt Opfer eines Raubfeindes wurden, hatten kurz zuvor gewarnt. Als Sherman dann analysierte, welche Tiere überhaupt Warnrufe von sich gaben, machte er eine bemerkenswerte Entdeckung. Den hochriskanten Job des Warnens übernahmen nicht etwa alle Tiere gleichermaßen: Während die erwachsenen Weibchen überproportional häufig Alarmrufe von sich gaben, hielten sich die erwachsenen Männchen vornehm zurück.

Sherman kannte die Verwandtschaftsverhältnisse der Tiere untereinander. So wusste er, dass die weiblichen Tiere in der Regel ein Leben lang von weiblichen Verwandten umgeben sind. Großmütter, Mütter, Töchter, Enkelinnen, Tanten, Schwestern und Cousinen bilden einen weiblichen Verwandtschafts-Clan. Im Gegensatz dazu sind die erwachsenen Männchen eines Gebietes weder untereinander noch mit den Weibchen verwandt; sie sind also ständig von Nichtverwandten umgeben. Diese differenten Muster kommen durch das unterschiedliche Abwanderungsverhalten der Töchter und Söhne zustande. Wenn sie geschlechtsreif sind, wandern die jungen Männchen für immer in entferntere Regionen ab, während die Töchter in der Nähe des Geburtsbaus ihren eigenen Bau anlegen.

Sherman fragte sich: Könnte es sein, dass die Weibchen warnen, um ihre eigenen Verwandten zu schützen? Und die Männchen ebendeshalb nicht warnen, weil keine Verwandten vorhanden sind? Um diese Vermutung zu testen, verglich er Weibchen, die von vielen Verwandten umgeben waren, mit solchen, die keine lebenden Verwandte mehr hatten. Tatsächlich gaben Weibchen mit eigenem Nachwuchs wesentlich mehr Alarmrufe von sich als Weibchen ohne Nachkommen oder andere Verwandte. Auch dann, wenn keine eigenen Nachkommen in der Nähe lebten, wohl aber die Mutter oder eine Schwester, warnten sie deutlich mehr als Weibchen, die gar keine Verwandten um sich hatten. Weibchen unterschieden sich also darin, wie viele Verwandte in ihrer Umgebung lebten, und sie passten die Häufigkeit, mit der sie vor einem Raubfeind warnten, an diese Gegebenheit an: Je mehr Verwandtschaft in der Nähe war, desto häufiger wurde gewarnt. Dieses hochriskante Verhalten kam also vor allem den Verwandten zugute.

Mittlerweile bestätigen zahllose Untersuchungen an den verschiedensten Arten, dass die Verwandtschaftsverhältnisse nicht nur bei Belding-Zieseln maßgeblich beeinflussen, wie sich Tiere gegenüber anderen Artgenossen verhalten. Generell wird uneigennütziges, helfendes, selbstloses Verhalten in aller Regel nicht jedem beliebigen Artgenossen entgegengebracht, sondern vor allem nahen Verwandten.

William Hamilton und die Verwandtenselektion

Warum hat aber die Verwandtschaft diese überragende Bedeutung für die Evolution des sozialen Verhaltens? Die Antwort hatte – wie gesagt – aufgrund theoretischer Überlegungen mehr als 10 Jahre vor Shermans Untersuchung William Hamilton bereits gefunden. Er ging von Darwins Gedanken aus, dass es im Grunde nicht überraschend ist, wenn ein Elterntier für seine Jungen Nahrung herbeischafft, sie gegen Räuber verteidigt oder sich für sie aufopfert. Denn dieses selbstlos erscheinende Verhalten ist evolutionsbiologisch betrachtet egoistisch: Da die Nachkommen die Gene der Eltern tragen, steigern die Eltern ihren Fortpflanzungserfolg, indem sie ihren Nachwuchs umsorgen, schützen und fördern, selbst wenn dies mit hohen Kosten und Risiken für die eigene Gesundheit und das eigene Leben verbunden ist. Mit anderen Worten: Durch dieses Verhalten tragen die Eltern dazu bei, den Anteil ihrer Gene an zukünftigen Generationen zu erhöhen.

Hamilton überlegte, dass altruistisches Verhalten gegenüber Verwandten keineswegs etwas völlig anderes ist als altruistisches Verhalten von Eltern zu ihren Kindern. Denn identische Kopien der eigenen Gene befinden sich nicht nur in den eigenen Nachkommen, sondern auch mit einer gewissen Wahrscheinlichkeit in den Verwandten. Bei Tieren, die wie der Mensch einen doppelten Chromosomensatz tragen, kommt jedes Gen in zwei Varianten vor, den Allelen. Jedes Individuum erhält die Hälfte seiner Allele vom Vater und die andere Hälfte von der Mutter und gibt entsprechend auch die Hälfte seiner Allele an jedes seiner Kinder weiter. Die Wahrscheinlichkeit, dass ein bestimmtes Allel, zum Beispiel für die Augenfarbe, von der Mutter an die Tochter weitervererbt wird, beträgt damit 50 Prozent. Die Wahrscheinlichkeit, dass die Tochter dieses Allel an ihre Tochter weitervererbt, beträgt ebenfalls 50 Prozent. Die Wahrscheinlichkeit, dass die Enkelin noch das Allel ihrer Großmutter trägt, ist entsprechend 25 Prozent. Nach demselben Prinzip lassen sich diese Wahrscheinlichkeiten auch für andere Verwandte berechnen. Nichten oder Neffen tragen beispielsweise mit einer Wahrscheinlichkeit von 25 Prozent die identischen Allele für ein bestimmtes Merkmal wie ihre Tanten und Onkel. Und zwei Cousins oder Cousinen besitzen immerhin noch mit einer Wahrscheinlichkeit von 12,5 Prozent ein identisches Allel für ein Merkmal, das ursprünglich von einem gemeinsamen Vorfahren stammt. Bei Geschwistern beträgt die Wahrscheinlichkeit 50, bei eineiigen Zwillingen 100 Prozent. Generell gilt: Je höher der Verwandtschaftsgrad zwischen zwei Individuen, desto mehr identische Allele besitzen sie.

Diese Überlegungen bedeuten aber auch, dass es für die Weitergabe der in einem Organismus befindlichen Allele gleich ist, ob dieser Organismus beispielsweise einen eigenen Nachkommen selbst produziert oder dem Bruder oder der Schwester hilft, zwei Nachkommen großzuziehen. Denn wenn es darum geht, wie viel Kopien der eigenen Gene in die nächste Generation weitergegeben werden, dann zählt ein eigenes Kind genauso viel oder genauso wenig wie zwei Nichten oder Neffen. Entsprechend dieser Logik ist ein Individuum A mit einem eigenen Nachkommen und drei Nichten mit mehr Genen in der nächsten Generation vertreten als ein Individuum B mit zwei eigenen Kindern und keinen Nichten oder Neffen.

Wie gesagt wird der Beitrag, den ein Individuum zum Genpool der nächsten Generation leistet, in der Evolutionsbiologie als «Fitness» bezeichnet, was zugegebenermaßen außerhalb der Biologie zu Missverständnissen führen kann. Hamilton erkannte, dass sich diese Fitness eines jeden Individuums aus zwei Komponenten zusammensetzt. Die erste ist der Anteil an Genen, den es an die eigenen Nachkommen weitergibt. Dieser Teil der Fitness wird als direkte, Individual- oder Eigenfitness bezeichnet. Die andere ist der Anteil an Genen, die sich aufgrund gemeinsamer Vorfahren in Verwandten befinden und von ihnen an ihre Nachkommen weitervererbt werden. Diesen Anteil nannte Hamilton «indirekte Fitness». Und was letztlich von der natürlichen Selektion bewertet wird, ist nicht allein, wie Darwin dachte, die direkte Fitness infolge der eigenen Nachkommen, sondern die «Gesamtfitness» des Individuums, das heißt: die Summe aus direkter und indirekter Fitness. In unserem Beispiel hat Individuum A ein eigenes Kind und drei Nichten und damit eine höhere indirekte Fitness als Individuum B mit zwei eigenen Kindern ohne Nichten und Neffen. Auch die Gesamtfitness von A ist höher als die von B, weil A einen hohen indirekten Fitnessanteil hat, der auf seinen drei Nichten beruht. Bei B hingegen entspricht die direkte Fitness der Gesamtfitness, weil B weder Nichten noch Neffen hat. Fragt man, welche Variante sich in einer Population durchsetzen würde, A oder B, dann lautet die Antwort A. Denn die natürliche Selektion favorisiert letztlich diejenige Variante, die mit höherer Effizienz ihre Gene in die nächste Generation weitergibt, und das ist aufgrund der höheren Gesamtfitness Variante A.

Wenn ein Individuum also auf eigene Nachkommen ganz oder teilweise verzichtet, dafür aber Verwandten hilft, deren Nachkommen zu schützen, zu versorgen oder wie auch immer zu fördern, dann kann sich solches Verhalten im Laufe der Evolution durchsetzen, vorausgesetzt, eine Bedingung ist erfüllt: dass dieses altruistische Verhalten letztlich zu einer höheren Gesamtfitness führt als die Zeugung und Aufzucht eigener Nachkommen. Oder mit der berühmten Hamilton-Formel formuliert: Altruistisches Verhalten kann dann evolvieren, wenn die Kosten für den Altruisten niedriger sind als der Nutzen für das Individuum, das die Unterstützung empfängt, multipliziert mit dem Verwandtschaftsgrad zwischen dem Altruisten und dem Empfänger.

Altruistisches Verhalten sollte sich deshalb nicht nur auf die eigenen Kinder richten, denn die Darwin'sche Fitness eines Individuums hängt nicht nur von ihnen, sondern auch vom Fortpflanzungserfolg seiner Verwandten ab. Damit entpuppt sich aber altruistisches Verhalten, das gegenüber Verwandten gezeigt wird, letztlich doch als egoistisch. Denn es ist keinesfalls selbstlos in dem Sinne, dass der Altruist hilft und nichts davon hat. Vielmehr ist ein solches Verhalten letztlich ein effektives Vorgehen, um Kopien der eigenen Gene in die nächste Generation weiterzugeben.

Um möglichen Missverständnissen vorzubeugen, sollte darauf hingewiesen werden, dass Tiere natürlich nicht bewusst überlegen, mit welchem Artgenossen sie wie nah verwandt sind. Sie stellen auch keine Berechnungen an, welches Verhalten ihrer direkten oder indirekten Fitness zugutekommt. Vielmehr sind sie durch das Wirken der natürlichen Selektion über viele Generationen hinweg «programmiert», sich so zu verhalten, dass ihre Gesamtfitness maximiert wird.

Woher wissen die Tiere aber, mit wem sie verwandt sind und mit wem nicht? Höchstwahrscheinlich wissen sie das gar nicht, sondern folgen einfachen, angeborenen Regeln: Wenn beispielsweise ein Belding-Ziesel nur dann Warnrufe von sich gibt, wenn es säugt oder wenn Artgenossen vorhanden sind, mit denen es seit frühester Kindheit und Jugend Kontakt hatte, dann wird sich automatisch ein Warnmuster ergeben, bei dem nur alarmiert wird, wenn Nahverwandte in der Nähe sind.

Dass Tiere sich tatsächlich entsprechend dieser Theorie der Verwandtenselektion verhalten, wurde in den letzten Jahrzehnten mit Hunderten von Beispielen demonstriert. So werden auch die Untersuchungsergebnisse an den Belding-Zieseln erst im Lichte der Hamilton'schen Erkenntnisse erklärbar. Die Weibchen sind in der Regel von weiblicher Verwandtschaft umgeben. Wenn sie warnen, trägt das auch zum Überleben ihrer Schwestern und Nichten bei. So können sie ihren indirekten Fitnessanteil deutlich steigern und damit auch ihre Gesamtfitness. Ein Weibchen, dessen gesamte weibliche Verwandtschaft nicht mehr lebt, erzielt hingegen keine höhere indirekte Fitness, wenn es warnt. Es erhöht sich lediglich die Chance, gefressen zu werden, was logischerweise die Wahrscheinlichkeit reduziert, in Zukunft eigene Nachkommen zu haben. Dasselbe trifft auch auf die Männchen zu, die – abgesehen von möglicherweise gezeugten Söhnen und Töchtern – ebenfalls von Nichtverwandten umgeben sind. Das macht verständlich, warum Weibchen ohne weibliche Verwandtschaft und Männchen das gefährliche Warnen nur sehr selten oder gar nicht übernehmen.

Das Gemeinschaftssäugen kann ebenfalls mit Hilfe der Verwandtenselektion erklärt werden. In ihrem natürlichen Lebensraum säugen Mäuse- und Löwenweibchen neben ihrem eigenen Nachwuchs beileibe nicht jedes beliebige Junge. Vielmehr sind es in der Regel die Nachkommen ihrer engen weiblichen Verwandten, vor allem ihrer Schwestern, denen sie Milch abgeben. Damit verbessern sie die Entwicklungschancen ihrer Nichten und Neffen und tragen so zur Steigerung ihrer Gesamtfitness bei. Auch hier verhalten sich die Tiere also nicht altruistisch, sondern sie fördern letztlich die Weitergabe von Kopien ihrer Gene.

Aus demselben Grund verlassen bei vielen Vogel- und einigen Säugetierarten die Nachkommen die Geburtsgruppe auch dann noch nicht, wenn sie geschlechtsreif sind. Sie bleiben bei den Eltern und helfen, Schwestern und Brüder aufzuziehen. Dass diese Hilfe sich tatsächlich positiv auf die Neugeborenen auswirkt, konnte beispielsweise beim afrikanischen Schabrackenschakal nachgewiesen werden. Hier nimmt die Anzahl der überlebenden Jungtiere signifikant mit der Anzahl an Helfern zu, die ihre Geschwister und ihre Mutter mit Nahrung versorgen und sie gegen Feinde verteidigen. Der Nutzen für die Helfer liegt neben der Lernerfahrung, die sie für die eigene Jungenaufzucht machen, wiederum in einem indirekten Fitnessgewinn, da sie ja einen hohen Anteil an identischen Allelen mit ihren Brüdern und Schwestern teilen.

Zu den extremsten Fällen von vordergründig altruistischem Verhalten gehört die Ausbildung steriler Kasten. Insbesondere bei den Ameisen, Bienen und Wespen gibt es unzählige Tiere, die selbst auf Fortpflanzung verzichten, dafür aber das gesamte Verhalten in den Dienst ihres Staates stellen. Hamilton fiel auf, dass diese Insekten sämtlich zu den Hautflüglern gehören, einer biologischen Gruppe, die durch eine genetische Besonderheit gekennzeichnet ist: die Haplodiploidie.

Was heißt das? Bei diesen Tierarten entstehen die Weibchen aus befruchteten Eiern und besitzen wie der Mensch einen diploiden, das heißt doppelten Chromosomensatz. Jedes Gen besteht aus zwei Allelen, von denen eines jeweils vom Vater und eines von der Mutter stammt. Im Gegensatz dazu entstehen die Männchen aus unbefruchteten Eiern. Sie haben demnach keinen Vater und damit nur einen haploiden, das heißt einfachen Chromosomensatz. Jedes Gen ist nur durch ein einziges Allel repräsentiert.

Hamilton bemerkte, dass die Haplodiploidie – haploide Männchen, diploide Weibchen – überraschende Auswirkungen auf die Verwandtschaftsgrade zwischen den Tieren hat. Im Gegensatz zu allen anderen diploiden Tierarten sind deshalb – und das ist das Besondere – Schwestern näher miteinander verwandt als Mütter mit ihren Töchtern. Denn die Wahrscheinlichkeit, ein bestimmtes Allel von der Mutter zu erben, beträgt für die Tochter 50 Prozent. Die Wahrscheinlichkeit, dass zwei Schwestern ein identisches Allel von ihren Erzeugern ererbt haben, beträgt aber aufgrund des einfachen Chromosomensatzes des Vaters 75 Prozent.

Die Staaten der Ameisen, Bienen und Wespen bestehen ausschließlich aus weiblichen Tieren. Dabei sind die Angehörigen der sterilen Kasten Schwestern, die ihrer Mutter, der Königin, helfen, weitere Schwestern aufzuziehen. Wenn diese Tiere auf die eigene Fortpflanzung verzichten, erzielen sie zwar keinerlei direkte Fitness. Indem sie ihrer Mutter aber helfen, weitere Schwestern zu produzieren, erwerben sie aufgrund des extrem hohen Verwandtschaftsgrads zwischen Schwestern einen beachtlichen indirekten Fitnessanteil. Rein rechnerisch tun sie sogar mehr für die die Maximierung ihrer Gesamtfitness, wenn sie helfen, Schwestern großzuziehen, als wenn sie für eigenen Nachwuchs sorgen könnten.

Hamilton legte somit überzeugend dar, dass die Evolution von extremen Formen helfenden Verhaltens zwischen nah verwandten Tieren durch die genetische Besonderheit der Haplodiploidie gefördert wird. Damit beantwortete er auch eine der großen offenen Fragen der Evolutionstheorie, die für Darwin noch nicht zu klären war. Wenn scheinbar selbstloses Verhalten im Tierreich auftritt, dann geschieht dies in den allermeisten Fällen gegenüber nah verwandten Artgenossen und kann mit Hilfe der Hamilton'schen Theorie der Verwandtenselektion erklärt werden.

Helfen zwischen Nichtverwandten

Es gibt im Tierreich aber auch Beispiele für Hilfeleistungen zwischen nicht verwandten Tieren, die auf den ersten Blick altruistisch wirken. So bei einer Fledermausart, dem Gemeinen Vampir. Diese Art lebt in Mittel- und Südamerika in größeren Gruppen und hat ihre Schlafquartiere in Höhlen oder hohlen Bäumen. Häufig zitiert wird ihr besonderes Verhalten: das Blutteilen. Wie der Name schon sagt, ernähren sich diese Tiere von Blut, das sie von größeren Säugetieren, zum Beispiel Rindern oder Pferden, während ihrer nächtlichen Streifzüge erbeuten. Auf diese Nahrung sind sie dringend angewiesen, ohne frische Blutration sterben sie nach nur wenigen Tagen. In einer Untersuchung in Costa Rica zeigte sich, dass Vampirfledermäuse, die kein Blut erbeuten konnten, in den Schlafquartieren von ihren Gruppenmitgliedern mitversorgt werden. Wie von der Theorie der Verwandtenselektion vorausgesagt, teilen Weibchen Blutrationen bevorzugt mit ihren eigenen Kindern und anderen Nahverwandten. Bemerkenswerterweise geben sie bei Gelegenheit und Bedarf aber auch Blutrationen an nicht verwandte Gruppenmitglieder ab. Dies gilt allerdings nur für solche, mit denen sie eine enge Beziehung pflegen und bei denen eine hohe Wahrscheinlichkeit besteht, dass diese in einer eigenen Notsituation die Hilfeleistung in gleicher Form zurückzahlen.

Die Übergabe von Blut erfolgt also nicht zufallsverteilt und ist auch nicht vollständig durch die Verwandtschaftsverhältnisse der Tiere zu erklären. Vielmehr scheint sie sich zumindest in Teilen nach dem Prinzip zu richten, das der US-amerikanische Evolutionsbiologe Robert Trivers als «reziproken Altruismus» bezeichnet hat: Helfe ich dir, hilfst du mir. Das heißt: Hilfeleistung beruht auf Gegenseitigkeit. Es wird nur solchen Tieren Blut abgegeben, die selbst auch zu dieser Hilfeleistung bereit sind.

Ein weiteres häufig zitiertes Beispiel von wechselseitiger Hilfe unter Nichtverwandten, bei der die Hilfeleistung zu einem späteren Zeitraum zurückgezahlt wird, stammt von Anubispavianen. Hier kann es bei einem unterlegenen Männchen zur Fortpflanzung mit einem Weibchen der Gruppe kommen, wenn ein anderes unterlegenes Männchen ihm hilft, den Chef abzulenken, der sich normalerweise mit den Weibchen paart. Interessanterweise hilft dann bei der nächsten Paarungsgelegenheit derjenige, der zuvor Hilfe empfing und nun seinerseits versucht, den Chef abzulenken.

Es ist fast 50 Jahre her, dass Trivers seine Theorie des reziproken Altruismus formulierte, um die Entstehung von Hilfeleistungen zwischen Nichtverwandten im Tierreich zu erklären. Da die Helfenden aber im gleichen Maße von der Hilfe profitieren wie diejenigen, denen geholfen wird, es sich also nicht wirklich um uneigennütziges Verhalten handelt, wird dieser Begriff seit einigen Jahren kaum noch verwandt. Stattdessen wird von Reziprozität, das heißt zeitversetzter, wechselseitiger Hilfe, gesprochen. Tatsächlich kommt diese Art der Hilfeleistung im alltäglichen Leben der Tiere häufiger vor als ursprünglich angenommen. So gilt beispielsweise für mehrere Affenarten: Nur mit demjenigen teile ich am Nachmittag mein Futter, der mich am Morgen intensiv gekrault hat.

Am häufigsten kooperieren nicht verwandte Tiere miteinander, wenn alle Individuen daraus einen Nutzen ganz unmittelbar und nicht erst zeitversetzt ziehen können. Die gemeinsame Jagd der afrikanischen Wildhunde ist hierfür ein anschauliches Beispiel. Das Rudel erlegt seine Beute, vorzugsweise Gazellen und Antilopen, mit einer Hetzjagd. Dabei ist der Jagderfolg – auch pro Kopf gerechnet – desto größer, je mehr Tiere auf der Jagd kooperieren. Alle profitieren also direkt davon, einander zu helfen.

Dass sich solche Formen gegenseitiger Hilfe auch zwischen nicht verwandten Tieren im Lauf der Evolution entwickelt haben, ist relativ einfach zu erklären. Ein Tier, das hilft, hat einen unmittelbaren, direkten Vorteil davon. Es hat besseren Zugang zu Nahrung und – in anderen Fällen – einen besseren Schutz vor Feinden; Faktoren, die zum Überleben beitragen und damit letztlich auch Voraussetzung dafür sind, die eigenen Gene in die nächste Generation weiterzugeben.

Letztlich erweist sich helfendes Verhalten gegenüber nicht verwandten Tieren ebenso als eigennützig wie die Hilfe für Verwandte. Denn wann immer genauere verhaltensbiologische Analysen vorgenommen wurden, konnte in der Regel nicht nur ein Nutzen für die gezeigt werden, denen geholfen wurde, sondern auch für die, die halfen.

Das Töten von Artgenossen zum eigenen Vorteil

Nach dem gegenwärtigen Stand des Wissens sind Tiere durch das Wirken der natürlichen Selektion so «programmiert», dass Kopien der eigenen Gene mit maximaler Effizienz in die nachfolgenden Generationen weitergegeben werden. Sie verhalten sich also nicht zum Wohl der Art, sondern nach dem Prinzip Eigennutz, um ihre Gesamtfitness zu maximieren. Wenn Hilfeleistungen für Artgenossen dazu beitragen, dann helfen Tiere und verhalten sich scheinbar selbstlos. Wenn aber andere Mittel geeigneter sind, dann verhalten sie sich entsprechend: Sie drohen und kämpfen, nötigen und betrügen und schrecken auch vor der Tötung von Artgenossen nicht zurück.

So können bei vielen Arten – von Huftieren über Affen bis hin zu Delfinen – sexuelle Belästigungen der Weibchen durch die Männchen beobachtet werden. Und in den unterschiedlichsten Tiergesellschaften – vom Seeelefanten bis zum Orang-Utan – zwingen vor allem jüngere und rangniedere Männchen Weibchen gegen ihren Willen zur Kopulation. Diese Formen der Nötigung gehen mit deutlichen Beeinträchtigungen der bedrängten Weibchen einher; gleichzeitig erhöhen sie die Chancen der Männchen, die eigenen Gene weiterzugeben.

Ein spektakuläres Beispiel für die Tötung von Artgenossen zum Zweck der Fitnessmaximierung ist der Infantizid, das Töten von Jungtieren durch erwachsene Männchen. Dieses Phänomen kann bei langlebigen Säugetieren, die in festen Gruppen leben, häufig dann beobachtet werden, wenn fremde Männchen in die Gruppe eindringen. Dass diese dann die Kinder ihrer Artgenossen töten, kommt regelmäßig bei Neu- und Altweltaffen einschließlich der Menschenaffen vor, ebenso bei Nagetieren und Raubtieren. Dabei kann Kindstötung einen erheblichen Teil der Jungtiersterblichkeit ausmachen. So geht bei Berggorillas mehr als ein Drittel der Jungtiermortalität auf Infantizid durch fremde Männchen zurück.

Besonders gut ist die Kindstötung durch fremde Männchen für afrikanische Löwen dokumentiert. Ein Löwenrudel besteht in der Regel aus vielen miteinander verwandten Löwinnen sowie zwei bis drei Männchen, die nicht mit den Weibchen verwandt sind. Die Weibchen werden im Rudel geboren und bleiben ein Leben lang dort. Die Männchen, bei denen es sich häufig um Brüder handelt, sind hingegen nur in ihrem besten Alter für etwa zwei Jahre Mitglieder der Gruppe. In dieser Zeit pflanzen sie sich mit den Löwinnen fort. Sie sehen sich in dieser Zeit immer wieder Angriffen fremder Männchen ausgesetzt, die sie für eine gewisse Zeit erfolgreich abwehren können. Am Ende werden sie aber doch von jüngeren und stärkeren Rivalen besiegt und vertrieben, die das Rudel dann für die nächsten zwei Jahre übernehmen, bis auch sie wieder von umherstreifenden Brüdern unterworfen und in die Flucht geschlagen werden.

Bemerkenswerterweise gehen solche Rudelübernahmen häufig mit Kindstötungen einher. Nachdem die neuen Männchen die vorherigen besiegt und vertrieben haben, beißen sie gezielt die noch nicht entwöhnten Jungtiere tot, die von den Vorgängern gezeugt wurden. Früher wurde dieses Verhalten als Versehen oder gestörtes Sozialverhalten gedeutet. Manche Biologen meinten gar, die Kindstötung geschehe zum Wohle der Art, weil dadurch mehr Ressourcen für die überlebenden Tiere vorhanden seien. Wenn wir jedoch von dem Prinzip Eigennutz ausgehen und annehmen, dass das Verhalten der Männchen letztlich der Maximierung ihrer Fitness dient, dann kommen wir zu einer ganz anderen Erklärung.

Nur während der etwa zwei Jahre, in denen die Männchen Mitglieder des Rudels sind, haben sie gute Chancen, Nachkommen zu zeugen. Solange ein Löwenweibchen aber Junge säugt, hat sie aus hormonellen Gründen keinen Eisprung, ein Vorgang, der auch beim Menschen bekannt ist und als Laktationsamenorrhö bezeichnet wird. Das Weibchen kann erst wieder trächtig werden, wenn seine Jungen entwöhnt sind. Wenn die Männchen also nach der Rudelübernahme die noch nicht entwöhnten Jungtiere töten, sind die Weibchen wesentlich früher wieder fortpflanzungsbereit und können von den neuen Männchen begattet werden. Das Töten der noch nicht entwöhnten Jungtiere erhöht somit den Fortpflanzungserfolg der Männchen. Die Kindstötung erfolgt also nicht zum Wohle der Art und ist auch keine Verhaltensstörung. Vielmehr ermöglicht sie es den Männchen, ihre Gene höchst effizient in die nächste Generation weiterzugeben.

Was aber ist mit den Weibchen? Im Gegensatz zu den Männchen würde bei ihnen die Kindstötung mit einer deutlichen Verringerung des Fortpflanzungserfolgs einhergehen und kann schon deshalb nicht in ihrem Interesse liegen. Tatsächlich versuchen die Weibchen in der Regel, den Infantizid an ihren Kindern zu verhindern. Sie gehen den neuen Männchen aus dem Weg. Wenn das nicht funktioniert, bedrohen sie die Männchen und greifen sie sogar an. Manchmal verlassen sie auch mit ihrem noch nicht entwöhnten Nachwuchs das Rudel. Ihre Gegenmaßnahmen sind allerdings von wenig Erfolg gekrönt. Zum einen sind die Männchen ihnen an Stärke und Kampfkraft deutlich überlegen, zum anderen ist ein Überleben der Jungtiere außerhalb des Rudels eher unwahrscheinlich. So zeigt das Beispiel der Kindstötung und der Versuche, sie zu verhindern, auch die völlig verschiedenen Interessen von Männchen und Weibchen derselben Art. Beide versuchen, ihre *eigene* Fitness zu maximieren, und damit sind Konflikte zwischen ihnen vorprogrammiert.

Konflikte – im Extremfall mit Todesfolge – gibt es auch zwischen Geschwistern. Wenn Mütter weniger Milch haben oder zu geben bereit sind, als ihr Nachwuchs verlangt, dann konkurrieren ihre Nachkommen mitunter sehr heftig um diese überlebenswichtige Ressource. So bildet sich bei Schweinen bereits in den allerersten Lebenstagen in vehementen Auseinandersetzungen eine Zitzenordnung aus: Die stärksten Ferkel besetzen dann die vorderen Zitzen der Mutter, an denen es mehr und bessere Nahrung gibt. Die schwächeren Wurfgeschwister müssen mit den hinteren Zitzen und weniger Nahrung vorliebnehmen. Es wundert nicht, dass sich die Ferkel, die an den vorderen Zitzen saugen, deutlich besser entwickeln als die an den hinteren.

Eines der extremen Beispiele für die dramatischen Folgen einer Geschwisterkonkurrenz stammt von den Tüpfelhyänen, die in weiten Teilen Afrikas leben. Die Weibchen bringen in der Regel zwei Junge zur Welt, die gut ein Jahr lang gesäugt werden. Bereits bei der Geburt sind die Eck- und Schneidezähne der Babys gut ausgebildet. Vom ersten Lebenstag an konkurrieren die Geschwister, so ausgestattet, aggressiv um die dominante Position. Der Ausgang der Auseinandersetzungen spielt für die weitere Entwicklung eine entscheidende Rolle, denn das überlegene Tier bekommt in der Folge wesentlich mehr Milch. Da die Mütter gerade in Zeiten von Nahrungsknappheit erheblich mehr Aufwand betreiben müssen, um Nahrung zu finden, reduziert sich entsprechend die Menge an Milch und wird als Ressource umso exklusiver. Die Auseinandersetzung zwischen den Geschwistern nimmt drastisch zu. In diesen Phasen kommt es immer wieder vor, dass das dominante Tier seinen unterlegenen Bruder beziehungsweise seine unterlegene Schwester tötet. Das überlebende Geschwister legt danach rasant an Gewicht zu und hat zukünftig deutlich bessere Entwicklungschancen.

Zwar tragen Geschwister einen hohen Anteil an gemeinsamen Genen, und deshalb sollte gemäß der Hamilton'schen Theorie der Verwandtenselektion zwischen ihnen eher helfendes als aggressives Verhalten erwartet werden. Wenn aber unter schwierigen ökologischen Bedingungen das Töten des Bruders oder der Schwester dem eigenen Überleben dient und zu einer höheren Gesamtfitness führt, dann kommt es auch zum Geschwistermord. Wie beim Infantizid handelt es sich wiederum nicht um eine Verhaltensstörung, und es nützt auch nicht dem Wohle der Art. Vielmehr dient die Geschwistertötung den eigenen, egoistischen Interessen.

Darüber hinaus zeigt eine Reihe von Untersuchungen, dass auch Auseinandersetzungen zwischen erwachsenen Männchen deutlich häufiger zu schweren Verletzungen und Todesfällen führen, als ursprünglich angenommen worden ist. So gibt es für den Rothirsch Schätzungen, dass es bei etwa 20 bis 30 Prozent der Männchen während ihres Lebens zu dauerhaften Schädigungen durch Kämpfe kommt. Ostasiatische Wasserrehe können sich mit ihren Eckzähnen tödliche Verwundungen beibringen, und viele Hirsch- und Antilopenarten spießen ihre Gegner sehr wohl mit den Geweihstangen beziehungsweise Hörnern auf. Eine generelle Tötungshemmung gegenüber Mitgliedern der eigenen Art existiert offenbar nicht. Wie diese Beispiele zeigen, hat sich das Dogma der klassischen Ethologie, Tiere hätten zum Wohle der Art eine Hemmung, Artgenossen zu töten, als Mythos erwiesen.

Dafür sprechen auch die «Kriege der Schimpansen». Vor fast 40 Jahren beschrieb Jane Goodall erstmals, wie sich im Gombe-Stream-Nationalpark in Tansania Männchen einer größeren Gruppe von Schimpansen zusammentaten und im Laufe weniger Jahre alle Männchen einer benachbarten kleineren Gruppe umbrachten. Hierdurch konnten die Angreifer ihr Territorium zumindest zeitweise deutlich vergrößern.

Heute wissen wir, dass solch kriegerische Aggressionen bei Schimpansen kein Einzelfall sind. Insgesamt konnten während der letzten Jahrzehnte etwa 150 Tötungen von Schimpansen durch Artgenossen dokumentiert oder plausibel gemacht werden. Dabei gehen zwei Drittel der Todesfälle auf vehemente

Auseinandersetzungen zwischen verschiedenen Gruppen zurück. In nahezu allen Fällen waren die Angreifer ihren Opfern zahlenmäßig weit überlegen. Entsprechend dieser Daten hatten sich im Extremfall bis zu 28 Männchen einer Gruppe verbündet und Tiere einer anderen Gruppe attackiert. Dabei töteten sie einzelne oder wenige Männchen, aber auch Mütter mit ihren Kindern. Solche tödlich endenden Überfälle gab es in nahezu allen Untersuchungsgebieten, in denen Schimpansen langfristig beobachtet wurden.

Warum verhalten sich freilebende Schimpansen so? Die Antwort lautet: Weil die Täter hiervon profitieren. Indem sie nicht verwandte Rivalen ohne großes Risiko töten, vergrößern sie ihr Territorium und gewinnen Zugang zu wichtigen Ressourcen, zu Futter oder Paarungspartnerinnen. Es spricht demnach alles dafür, dass auch die «Kriege der Schimpansen» durch das Wirken der natürlichen Selektion entstanden sind. Wissenschaftliche Belege für die immer wieder geäußerte Behauptung, dass die tödlichen Auseinandersetzungen auf unnatürliche Störungen durch den Menschen wie Abholzung, Bejagung oder künstliche Fütterung zurückzuführen sind, gibt es nicht.

Männchen und Weibchen

Die soziobiologische Revolution hat auch zu einer Neubewertung der Geschlechterrollen geführt. Vor allem das Verhalten der Weibchen erscheint heute in einem völligen anderen Licht. Um zu verstehen, welch gravierende Veränderungen sich in den letzten Jahrzehnten vollzogen haben, muss zunächst aber kurz auf den Begriff der sexuellen Selektion eingegangen werden. Was ist damit gemeint? Bereits Darwin hatte deutlich darauf hingewiesen, dass Tiere nicht nur überleben, Nahrung finden und Feinden entgehen müssen. Sie müssen auch erfolgreich um Paarungspartner konkurrieren. Je besser sie dazu in der Lage sind, desto größer wird ihr Fortpflanzungserfolg sein. Diesen Vorgang bezeichnete er als sexuelle Selektion, wobei er zwei Formen unterschied.

In der einen Form, der intrasexuellen Selektion, konkurrieren in der Regel die Männchen mit Droh- und Kampfverhalten untereinander und finden so heraus, wer der Stärkere ist, der freien Zugang zu den Weibchen hat. Anschließend paart sich der Gewinner mit ihnen und gibt seine Gene in die nächste Generation weiter. Diese Form der Konkurrenz um Paarungspartner ist im Tierreich weit verbreitet und tritt beispielsweise bei Rothirschen in sehr beeindruckender Form auf. Während der Brunftzeit werden die Männchen völlig unverträglich. Zunächst messen sie ihre Kräfte in lautstarken Röhrduellen. Dabei erhöhen die Rivalen die Häufigkeit des Röhrens immer weiter. Es kostet sehr viel Energie, ein Röhrduell lange Zeit durchzustehen und Hirsche, die hierzu in der Lage sind, können in der Regel auch lange und ausdauernd kämpfen. Deshalb wird das Kräftemessen häufig schon durch diesen akustischen Wettbewerb entschieden. Falls sich so jedoch kein eindeutiger Sieger feststellen lässt, kommt es zur nächsten Stufe des Drohens: dem «Parallel-Gehen». Die beiden Rivalen schreiten dabei in kürzester Entfernung auf und ab und versuchen die Kampfkraft des anderen abzuschätzen. Häufig zieht sich anschließend eines der beiden Tiere zurück. Wenn aber weder durch die Röhrduelle noch durch das Parallel-Gehen entschieden werden kann, wer der stärkere der beiden Hirsche ist, dann kommt es zu eskalierten Kämpfen, an deren Ende endgültig ein Gewinner und ein Verlierer stehen. Ganz gleich, wie der Sieger ermittelt wird: In jedem Fall hat er anschließend freien Zugang zu den Weibchen und kann sich ungestört mit ihnen paaren.

Darwins Vorstellung, dass die Männchen mit Droh- und

Kampfverhalten um den Zugang zum anderen Geschlecht konkurrieren und sich die dominanten anschließend fortpflanzen, setzte sich sehr schnell in der Wissenschaft durch. Interessanterweise wurde diese in vielen Fällen richtige Auffassung aber mehr als hundert Jahre lang automatisch mit einem anderen Gedanken verknüpft: dass die Weibchen eher passiv und in ihren Reaktionen zögernd und vorsichtig sind. Ja, bis in die 1980er Jahre hinein war in etablierten Lehrbüchern zu lesen, dass es eine starke Selektion auf «Sprödigkeit der Weibchen» gebe.

Dabei hatte Darwin die Rolle der Weibchen keineswegs für passiv gehalten. Vielmehr war er davon ausgegangen, dass es neben der intrasexuellen Selektion, bei der die Männchen um die Weibchen konkurrieren, noch eine zweite Form der sexuellen Selektion gibt: die intersexuelle Selektion. Hier sollten es in der Regel die Weibchen sein, die durch ihr Verhalten und ihre Wahl entscheiden, mit welchem Männchen sie sich paaren. Wahrscheinlich ist es dem Zeitgeist geschuldet, dass diese Vorstellung Darwins mehr als ein Jahrhundert lang weitgehend ignoriert wurde. Mittlerweile kennen wir in der Verhaltensbiologie jedoch zahllose Beispiele, in denen es tatsächlich die Weibchen sind, die bestimmen, mit welchem Männchen sie sich fortpflanzen. Sie sind also keineswegs die passiven Rezipientinnen des männlichen Werbe- und Sexualverhaltens. Ganz im Gegenteil: Bei vielen Arten werden nahezu alle sexuellen Interaktionen von den Weibchen initiiert.

Dass sich das Bild vom Verhalten der Weibchen so stark verändert hat, hing auch mit der Entwicklung einer neuen Untersuchungsmethode zusammen: dem Vaterschaftsnachweis mit Hilfe des genetischen Fingerabdrucks. Seit den 1990er Jahren ist es möglich, aus ein paar Hautzellen, Haaren oder Federn sicher zu bestimmen, wer denn wirklich der Vater der Nachkommen ist.

Vor allem die Untersuchungen von Singvögeln erbrachten

in der Folge eine riesige Überraschung. Seit jeher hatten diese Tiere als Inbegriff der Treue gegolten: Ein Männchen und ein Weibchen bilden ein Paar, bauen gemeinsam ein Nest, bebrüten die Eier und ziehen ihre Nachkommen zum Wohle der Art gemeinsam groß. So lautete die allgemeine Meinung. Nun zeigte sich aber mittels des genetischen Fingerabdrucks: Ein hoher Anteil der Nachkommen im Nest stammte gar nicht von den Männchen, die die Nestlinge fütterten und umsorgten. Bei Untersuchungen an Meisen gingen sogar bis zu 80 Prozent der Nestlinge auf außereheliche Paarungen mit Männchen aus der Nachbarschaft zurück. Zunächst spekulierten die Wissenschaftler, dass diese Paarungen vor allem durch die Männchen initiiert werden. Dann zeigte sich aber: Es sind die Weibchen, die die Seitensprünge ganz gezielt suchen. Aber warum tun sie das?

Bereits bei der Kindstötung der Löwen hatten wir gesehen, dass Männchen und Weibchen durchaus unterschiedliche Interessen haben. Beide Geschlechter versuchen, die eigenen Gene mit maximaler Effizienz in die nächste Generation weiterzugeben, woraus sich zwangsläufig Konflikte ergeben. Im Fall des Infantizids werden diese zugunsten der Männchen und zuungunsten der Weibchen entschieden. Betrachten wir nun die Situation aus der Perspektive eines Vogelweibchens: Um einen möglichst hohen Fortpflanzungserfolg zu erzielen, wäre es optimal, sich mit einem Männchen von höchster Qualität zu verpaaren und in einem Revier zu leben, in dem alle Ressourcen im Überfluss vorhanden sind. Beide Optionen sind für die meisten Weibchen aber nicht gegeben. Die besten Reviere sind häufig bereits durch andere Weibchen besetzt, die die Reviergrenzen vehement gegen Konkurrentinnen verteidigen. Wenn der eigene Partner nun keine hohe Qualität aufweist, dann können die Weibchen durch Seitensprünge Spermien von qualitativ hochwertigeren Männchen für die Befruchtung ihrer Eier bekommen. Und genau das scheint der Grund zu sein, warum sie sich so häufig mit anderen Männchen paaren.

Die Männchen ihrerseits sollten aber alles dafür tun, nicht betrogen zu werden und die Jungen von Nebenbuhlern aufzuziehen. Tatsächlich ist bei vielen Arten zu beobachten, dass sie gerade in der Zeit, in der die Eier befruchtet werden, ihre Weibchen besonders intensiv bewachen und manchmal zu verblüffenden Maßnahmen greifen: Wenn beispielsweise Rauchschwalbenmännchen ihre Weibchen nicht zu Haus antreffen, dann geben sie Alarmrufe von sich, mit denen normalerweise vor Raubfeinden gewarnt wird. Wenn ein solcher Ruf ertönt, stellen alle Schwalben in der Umgebung sogleich sämtliche Aktivitäten ein, einschließlich der Seitensprünge mit fremden Partnern.

Zur Soziobiologie der wilden Meerschweinchen

Auch mit unserer eigenen Forschung haben wir zu der veränderten Sicht auf das Verhalten von Weibchen beigetragen. Insbesondere der Vergleich von verschiedenen Arten wilder Meerschweinchen hat zu einer Neubewertung ihrer Rolle – und damit eng verbunden – der Evolution von Paarungs- und Sozialsystemen geführt. Im Folgenden soll deshalb abschließend über die soziobiologischen Aspekte unserer Forschung berichtet werden.

Soweit man heute weiß, leben in Südamerika etwa 15 verschiedene Arten von wilden Meerschweinchen, die zusammen mit den Maras und Wasserschweinen in der Familie der *Caviidae* – der Meerschweinchen – zusammengefasst sind. Eine besonders gut untersuchte Art ist das Gewöhnliche Wildmeerschweinchen. Wie wir bereits im dritten Kapitel erfahren haben, ist es die Stammform des Hausmeerschweinchens, mit dem es biologisch gesehen noch immer zur selben Art gehört. Eine zweite, ebenfalls gut untersuchte Art der wilden Meerschweinchen ist das Gewöhnliche Wieselmeerschweinchen. Es unterscheidet sich deutlich in Aussehen und Verhalten von den Gewöhnlichen Wildmeerschweinchen und lässt sich nicht mit ihnen kreuzen. Entsprechend werden die beiden Arten verschiedenen Gattungen zugerechnet.

Wir haben beide Arten von wilden Meerschweinchen über viele Jahre in unserem Institut gehalten und untersucht und sie auch in ihrem natürlichen Lebensraum in Südamerika beobachtet. Beginnen wir mit den Gewöhnlichen Wieselmeerschweinchen. Diese Tiere können meist problemlos mit vielen Männchen und vielen Weibchen gemeinsam im selben Gehege gehalten werden. Alle Tiere kommen zum gemeinsamen Ruhen immer wieder zusammen und liegen dann eng aneinandergeschmiegt über-, unter- und nebeneinander. Etwas später geht jedes Tier wieder seiner Wege. Es gibt keine Bindungen oder Freundschaften zwischen den Gruppenmitgliedern, vielmehr interagiert jedes Wieselmeerschweinchen mit jedem anderen, mal auf freundliche, mal auf aggressive Weise. Und ein paar Stunden danach finden sich alle Tiere wieder zu einem großen gemeinsamen Haufen zusammen.

Eines Tages konnten wir beobachten, was passiert, wenn eines der Weibchen fortpflanzungsbereit wird. Es rannte urplötzlich los, schlug einen Zickzackkurs ein, gab laute Rufe von sich und machte so alle Männchen auf sich aufmerksam. Diese rannten hinter ihm her, wobei das ranghöchste Männchen versuchte, das Weibchen zu monopolisieren, was aufgrund des nicht vorhersagbaren Laufweges aber nicht gelang. Plötzlich stoppte das Weibchen, und das Männchen, das sich gerade hinter ihm befand, ritt auf und paarte sich mit ihm. Anschließend setzte sich die Paarungsjagd fort, alle Männchen folgten dem Weibchen, bis es wieder abrupt stoppte und das nächste Männchen zur Paarung kam. Das Spiel setzte sich fort, bis alle Männchen mit dem Weibchen kopuliert hatten. Offenbar initiierte das Weibchen durch sein Verhalten die Paarung mit mehreren Männchen. Dass dem tatsächlich so ist, konnten wir anschließend in einem sogenannten Wahlversuch zeigen. Wir bauten eine Apparatur, die aus einem zentralen Gehege bestand, das durch Gänge mit vier äußeren Gehegen verbunden war. Das Weibchen wurde in das zentrale Gehege gesetzt und hatte freien Zugang zu allen Teilen der Apparatur. In den äußeren Gehegen befand sich je ein Männchen, das sein Abteil aber nicht verlassen konnte. Das Weibchen hatte also die freie Wahl, mit wem es sich paaren wollte. Tatsächlich liefen die meisten der daraufhin untersuchten Weibchen von einem Gehege zum anderen und paarten sich mehrfach mit wechselnden Männchen.

Dieses promiskuitive Verhalten führt fast immer zu multiplen Vaterschaften, wie wir in Untersuchungen mit Hilfe des genetischen Fingerabdrucks zeigen konnten. Das heißt, im selben Wurf sind in aller Regel nicht nur Nachkommen von einem, sondern von mehreren Männchen vertreten. Das gilt übrigens nicht nur für Wieselmeerschweinchen in menschlicher Obhut. Auch in Untersuchungen an freilebenden Tieren in ihrem natürlichen Habitat in Argentinien konnten wir in 50 bis 80 Prozent der Würfe die Vaterschaft von mehr als einem Männchen nachweisen.

Es stellt sich die Frage: Warum setzen die Weibchen alles daran, sich mit mehr als einem Männchen zu paaren? In soziobiologischer Logik wäre ein solches Verhalten vor allem dann zu verstehen, wenn es zu einem höheren Fortpflanzungserfolg führt. Und tatsächlich ist das der Fall. In einem berühmt gewordenen Versuch haben wir weibliche Wieselmeerschweinchen entweder mit einem einzigen Artgenossen zusammengebracht oder mit vier verschiedenen Männchen. Ganz gleich, ob ein oder vier Partner: Die Weibchen wurden fast immer trächtig, und die Zahl der Nachkommen, die sie zur Welt brachten, unterschied sich nicht signifikant. Allerdings wiesen die Neugeborenen eine fast doppelt so hohe Überlebensfähigkeit auf, wenn ihre Mütter nicht nur mit einem, sondern mit mehreren Männchen zusammen gewesen waren. Dies war das erste Beispiel, das zeigte: Säugetierweibchen können davon profitieren, sich mit mehreren Männchen zu paaren. Denn das promiskuitive Verhalten steigert ihren Fortpflanzungserfolg.

Wie ist das zu erklären? Ein Mitarbeiter unseres Teams, Matthias Asher, hat die Gewöhnlichen Wieselmeerschweinchen während seiner Doktorarbeit in ihrem natürlichen Habitat in Südamerika untersucht. Die Tiere leben dort in einer Halbwüste mit spärlicher Vegetation. Um genügend Nahrung zu finden, müssen sie weit umherstreifen. Unter diesen Bedingungen ist es den Männchen nicht möglich, eines oder mehrere Weibchen zu monopolisieren. Deshalb entstand bei dieser Art wohl erst gar keine Tendenz zu sozialen Bindungen.

In ihrem Lebensraum finden sich Raubtiere, Greifvögel und Schlangen in großer Zahl, vor denen sie ständig auf der Hut sein müssen. Entsprechend haben sie nur in Gebieten, in denen Dornbüsche Schutz vor Gefahr bieten, eine Chance zu überleben. Solch geeignete Gebiete sind häufig sehr weit voneinander entfernt, sodass es mit einem großen Risiko verbunden ist, zwischen ihnen zu wechseln. Also emigrieren die Tiere lieber nicht, sondern bleiben in der Gegend, in der sie geboren wurden. Problematisch ist dabei allerdings, dass langfristig der Inzuchtgrad der Population immer höher wird. In der Folge nehmen die genetische Qualität der Männchen und entsprechend die Qualität ihrer Spermien ab, was wir gemeinsam mit Kolleginnen und Kollegen aus der Reproduktionsmedizin nachweisen konnten.

Wie sollte sich ein Weibchen verhalten, das in einer solchen Population lebt? Ganz generell sollte es versuchen, einen Partner mit guter Spermienqualität zu finden. Wenn es den Männchen aber nicht ansehen kann, von welcher Qualität sie beziehungsweise ihre Spermien sind, dann sollte es die Spermien mehrerer Männchen um die Befruchtung der Eier konkurrieren lassen. Und genau das tun Weibchen, wenn sie sich mit mehreren Männchen paaren. Bei den Gewöhnlichen Wieselmeerschweinchen führt das promiskuitive Paarungsverhalten also zur Spermienkonkurrenz, wodurch die Spermien von schlechterer Qualität von der Fortpflanzung ausgeschlossen werden und die von besserer Qualität zur Befruchtung der Eier kommen. Dieser Mechanismus erklärt höchstwahrscheinlich, warum Weibchen, die sich mit mehreren Männchen paaren, Kinder von höherer Überlebensfähigkeit zur Welt bringen als Artgenossinnen, die nur einen Partner haben.

Verhalten sich die Weibchen aller Säugetiere promiskuitiv? Nein, keinesfalls! Matthias Asher untersuchte auch die nah verwandten Gewöhnlichen Wildmeerschweinchen in ihrem natürlichen Lebensraum in Südamerika. Diese Tiere leben in feuchten Grasgebieten, in denen Nahrung fast immer ausreichend vorhanden und zudem gleichmäßig verteilt ist. Deshalb haben die Tiere wesentlich kleinere Streifgebiete als die Gewöhnlichen Wieselmeerschweinchen, und häufig grasen mehrere Weibchen auf derselben Fläche. Unter solchen Bedingungen können starke Männchen leicht ein, zwei oder drei Weibchen für sich beanspruchen und erfolgreich gegen Rivalen verteidigen. Entsprechend bilden sich gemäß der Verteilung der Weibchen Paare oder kleine Harems aus.

Wie im Lebensraum der Wieselmeerschweinchen gibt es aber auch im Habitat der Wildmeerschweinchen einen hohen Feinddruck durch Raubtiere. Neben offenen Grasflächen, die zum Fressen benötigt werden, brauchen die Meerschweinchen deshalb dichte Vegetation zum Verstecken. Bei Gefahr verharren sie darin völlig bewegungslos fast bis zum letzten Moment.

Säugetiere mit dieser Feindvermeidungsstrategie pflegen sich generell unauffällig zu benehmen und von Artgenossen fernzuhalten. Das Gewöhnliche Wildmeerschweinchen stellt in der Hinsicht keine Ausnahme dar. Hiermit mag zusammenhängen, dass diese Art keine großen Gruppen bildet und dass ein Männchen nur ganz wenige Weibchen zu verteidigen vermag. Unseren Studien zufolge herrscht bei den verschiedenen Arten der Meerschweinchen demnach nicht eine einzige, bestimmte soziale Organisationsform vor, die allenfalls leichte Abweichungen vom Hauptmuster erlaubt. Vielmehr sind sie in ihrer Vielfalt an die spezifischen Bedingungen der jeweiligen ökologischen Nische angepasst, was in Einklang mit den Theorien der Verhaltensökologie steht.

Vaterschaftsuntersuchungen mit Hilfe des genetischen Fingerabdrucks zeigen, dass sich die beiden Arten von wilden Meerschweinchen auch bezüglich ihrer Paarungssysteme unterscheiden. Während beim Gewöhnlichen Wieselmeerschweinchen in den allermeisten Fällen mehrere Männchen im Wurf eines Weibchens als Väter repräsentiert sind, ist bei den Gewöhnlichen Wildmeerschweinchen meistens dasjenige Männchen der Vater, das mit den Weibchen zusammen paarweise oder in einem kleinen Harem lebt.

Es lag die Vermutung nahe, dass diese Unterschiede auch mit dem Verhalten der Weibchen zusammenhängen könnten. In der Tat: Als wir den Weibchen des Gewöhnlichen Wildmeerschweinchens in unserer Wahlapparatur die Möglichkeit gaben, frei zu entscheiden, mit welchem von vier Männchen sie sich paaren wollten, verhielten sie sich völlig anders als die Gewöhnlichen Wieselmeerschweinchen: Sie schauten sich alle Männchen sehr genau an, wählten dann eines als Sozialpartner aus, das dann auch der Vater der Nachkommen wurde. Die gravierenden Unterschiede in den Paarungs- und Sozialsystemen von Gewöhnlichen Wild- und Wieselmeerschweinchen dürften also zumindest teilweise auf das unterschiedliche Verhalten der Weibchen zurückgehen.

Vor etwa zwanzig Jahren musste die Zucht unserer Gewöhnlichen Wieselmeerschweinchen aufgefrischt werden, um Inzuchtprobleme zu vermeiden. Wir führten deshalb einige Tiere aus Bolivien ein, die sich allerdings in Körperbau und Fellfarbe etwas von unseren Tieren unterschieden. Wir erklärten uns die Variation zunächst damit, dass die alten und neuen Meerschweinchen aus unterschiedlichen Regionen in Südamerika stammten. Als sich jedoch keinerlei Zuchterfolg bei der Verpaarung unserer alten mit den neuen Wieselmeerschweinchen einstellte, wurden wir stutzig und schauten uns gemeinsam mit Kollegen des Senckenberg-Museums in Frankfurt die neuen Tiere etwas genauer an. Das Ergebnis war eine kleine Sensation: Die importierten Tiere gehörten gar nicht zur Art des Gewöhnlichen Wieselmeerschweinchens, sondern waren Vertreter einer neuen, bis dahin unbekannten Spezies. Da sie in Münster erstmals wissenschaftlich beschrieben wurde, benannten wir sie nach dieser Stadt: *Galea monasteriensis*, das Münstersche Wieselmeerschweinchen. Für einige Zeit war diese Art die letztbeschriebene Säugetierspezies auf unserem Planeten.

Bisher gibt es keine Untersuchungen dazu, wie die Münsterschen Wieselmeerschweinchen in ihrem natürlichen Habitat leben. Die Studien in unserem Institut legen aber nahe, dass es sich um eine monogame Art handelt, bei der ein Männchen und ein Weibchen dauerhaft zusammen sind. Denn die Männchen der Wieselmeerschweinchen sind untereinander unverträglich, und auch die Weibchen mögen einander nicht. Wenn sich aber das richtige Männchen und das richtige Weibchen treffen, dann verstehen sie sich auf den ersten Blick und bilden ein harmonisches Paar, das sich in kürzester Zeit erfolgreich fortpflanzt. Wie Untersuchungen an anderen monogamen Säugetieren zeigen, sind diese Merkmale typisch für diese Lebensform. Als wir den Weibchen der Münsterschen Wieselmeerschweinchen in unserer Wahlapparatur die Möglichkeit gaben, frei zwischen verschiedenen Partnern zu entscheiden, bestätigten sich auch hier unsere Erwartungen an eine monogame Art: Die Weibchen schauten sich zunächst alle potenziellen Partner an und bildeten dann eine starke soziale Bindung zu einem der Männchen aus, das anschließend der Vater der Nachkommen wurde.

Mit Hilfe eines glücklichen Zufalls hatte es sich also ergeben, dass zeitweise drei verschiedene Arten von wilden Meerschweinchen mit unterschiedlichen Sozialsystemen in unserem Institut lebten: Gewöhnliche Wieselmeerschweinchen, die keinerlei feste soziale Bindungen zu Artgenossen ausbilden, Gewöhnliche Wildmeerschweinchen, die kleine Harems formen, und Münstersche Wieselmeerschweinchen, die in Paaren leben. Eine solche Situation bietet die Möglichkeit, systematisch Hypothesen der soziobiologischen Theorie zu überprüfen. Zum Beispiel sollte sich bei den drei Arten das väterliche Verhalten gegenüber den Kindern deutlich unterscheiden, denn schließlich bestehen erhebliche Unterschiede darin, wie sicher die Vaterschaft für ein Männchen ist. So ist sie für die Männchen des Gewöhnlichen Wieselmeerschweinchens recht zweifelhaft, während sie bei den Gewöhnlichen Wildmeerschweinchen wahrscheinlich und bei den Münsterschen Wieselmeerschweinchen sogar ziemlich sicher ist. Im Sinne der Fitnessmaximierung sollten Männchen aber nur dann Zeit und Energie in die Aufzucht von Jungen investieren, wenn sie sich ihrer Vaterschaft einigermaßen sicher sind.

Oliver Adrian aus unserem Team überprüfte diese Hypothese, indem er bei allen drei Arten das väterliche Verhalten gegenüber dem Nachwuchs analysierte. Beim Münsterschen Wieselmeerschweinchen kümmern sich die Männchen intensiv um die Nachkommen und spielen häufig mit ihnen. Beim Gewöhnlichen Wieselmeerschweinchen ist das Verhalten der

Männchen uninteressiert bis aggressiv. Beim Gewöhnlichen Wildmeerschweinchen liegt das Verhalten dazwischen: Die Tiere sind zwar nicht aggressiv gegen ihrem Nachwuchs, spielen aber deutlich weniger mit ihm als die Väter der Münsterschen Wieselmeerschweinchen.

Insgesamt gilt: Je sicherer die Vaterschaft bei der jeweiligen Art war, desto mehr investierten die Väter in den Nachwuchs. Dies bestätigt eindrucksvoll die Voraussagen der soziobiologischen Theorie: Auch bezüglich der väterlichen Fürsorge verhalten sich Tiere nicht zum Wohle der Art, sondern sie versuchen, den *eigenen* Fortpflanzungserfolg zu maximieren.

Fazit

Wie zahlreiche Untersuchungen zeigen, verhalten sich Tiere nicht zum Wohle der Art; sie sind vielmehr durch das Wirken der natürlichen Selektion so programmiert, dass sie alles daransetzen, Kopien der eigenen Gene in die nächste Generation weiterzugeben. Wenn sie dieses Ziel am besten erreichen, indem sie Artgenossen helfen und mit ihnen kooperieren, so tun sie das. Wenn sie dieses Ziel aber eher durch Nötigung, Aggression oder das Töten von Artgenossen erzielen, dann werden sie sich entsprechend auf diese Weise verhalten. Da das Verhalten jedes Individuums primär auf die Maximierung der *eigenen* Fitness abzielt, kommt es zwangsläufig zu Konflikten: zwischen den Männchen, zwischen den Weibchen, aber auch zwischen Geschwistern und zwischen den Geschlechtern. Diese Sichtweise hat unter anderem zu einer völligen Neubewertung der Rolle der Weibchen geführt: Sie sind keinesfalls die passiven Rezipientinnen des Verhaltens der Männchen, sondern sie maximieren durch ihr Verhalten die eigene Fitness aktiv und effizient.

KAPITEL 8

TIERE WIE WIR

Ein Resümee

Die Erkenntnisse der Verhaltensbiologie haben unser wissenschaftliches Bild vom Tier fundamental verändert, und sie helfen uns, Tiere besser zu verstehen. Ganz gleich, ob wir ihr Denken, Fühlen oder Verhalten betrachten: Sie sind uns nähergerückt und wir ihnen. Es steckt sehr viel mehr Mensch im Tier, als wir uns vor wenigen Jahren noch haben vorstellen können.

Freilich gibt es Unterschiede: In einem Schimpansen, einem Delfin, einem Hund oder einer Maus steckt deutlich mehr Mensch als in einer Ameise, einem Seestern, einer Schnecke oder einer Amöbe. Das ist nicht verwunderlich, denn biologisch gesehen sind wir mit Ersteren wesentlich näher verwandt als mit Letzteren. Wir sind wie sie Wirbeltiere, gehören wie sie zur Klasse der Säugetiere und teilen mit ihnen ein vergleichbares Gehirn, Nerven- und Hormonsystem. Da das Denken, Fühlen und Verhalten letztlich auf die Aktivitäten dieser Systeme zurückgeht, sind Lebewesen einander umso ähnlicher, je vergleichbarer sie darin sind.

Heute wissen wir: Säugetiere sind keine Automaten, die reflexartig auf Außenreize reagieren. Sie sind auch keine Spielbälle ihrer Instinkte, die starr auf Schlüsselreize antworten. Und wie bei uns Menschen entwickelt sich ihr Verhalten nicht unabänderlich in zuvor festgelegten Bahnen. Vielmehr entscheiden Umwelteinflüsse sowie Lern- und Sozialisationsprozesse den Verlauf der Verhaltensontogenese wesentlich mit. Dabei können bereits pränatale Einflüsse die Gehirn- und Verhaltensentwicklung tiefgreifend modulieren. Besonders nachhaltige Auswirkungen hat die frühkindliche Umwelt, denn das Zentrale Nervensystem ist in den frühen Phasen seiner Entwicklung durch äußere Einflüsse sehr leicht modifizierbar.Aber auch spätere Phasen sind von Bedeutung: So ist bei sozial lebenden Arten die Adoleszenz ein entscheidender Lebensabschnitt, in dem in Interaktionen mit Artgenossen wesentliche soziale Fähigkeiten für das weitere Zusammenleben erworben werden. Auch wenn gerade in diesen frühen Phasen Lernprozesse von besonderer Bedeutung sind, bleibt das Verhalten bis ins hohe Alter plastisch: Lebenslanges Lernen ist möglich. So wie wir Menschen sind auch die nichtmenschlichen Säugetiere während ihres ganzen Lebens für Umwelteinflüsse und Lernprozesse «offene Systeme».

Und wie bei uns Menschen erfolgt auch bei den anderen Säugetieren die Steuerung des Verhaltens multifaktoriell. Ob ein bestimmtes Verhalten ausgelöst und wie es gesteuert wird, hängt in der Regel sowohl von Merkmalen der Umwelt ab als auch von inneren Faktoren: etwa Geschlecht, Alter, sozialer Status, Erfahrungen, hormoneller Zustand und genetische Prädisposition. Es ist deshalb nicht angebracht und möglich, komplexes Verhalten auf einzelne dieser Faktoren zu reduzieren. So lässt sich zum Beispiel aggressives Verhalten nicht durch die determinierende Wirkung von Hormonen oder eines Aggressionstriebes erklären. In den vergangenen Jahren wurden zwar zahlreiche Gene identifiziert, die an der Steuerung des Verhaltens beteiligt sind, doch sie *determinieren* das Verhalten keinesfalls. Auch das ist im Grunde nicht verwunderlich, denn Verhalten entsteht immer aus dem komplexen Zusammenspiel von Genom und Umwelt. Zum Beispiel erweisen sich «genetisch dumme» Mäuse, die in einer lernfördernden Umwelt aufwachsen, «genetisch intelligenten» Artgenossen in Lerntests als überlegen, wenn Letztere in einer reizarmen Umwelt leben. Andererseits können bereits minimale Unterschiede in der genetischen Ausstattung dazu führen, dass verschiedene Individuen ganz unterschiedlich auf ein und dieselbe Situation reagieren. Erworbene Verhaltenseigenschaften können im Übrigen durch epigenetische Vererbung von Generation zu Generation weitergegeben werden. In all diesen Aspekten unterscheiden sich Menschen und nichtmenschliche Säugetiere offenbar nicht.

Beim Menschen führt das Zusammenspiel von Genom und Umwelt während der frühen Phasen der Entwicklung zur Ausbildung einzigartiger Persönlichkeiten. Aber auch unsere nichtmenschlichen Verwandten bilden im Verlauf der Verhaltensontogenese unverwechselbare Charaktere aus. Kein Schimpanse ist wie der andere, und jede Maus oder Kohlmeise unterscheidet sich von ihren Artgenossen. Die Entdeckung langfristig stabiler «Tierpersönlichkeiten» hat auch bei unseren nichtmenschlichen Verwandten das Individuum in den Fokus der Aufmerksamkeit gerückt. Individuelle Verschiedenheit ist auch bei ihnen ein Grundmerkmal des Verhaltens.

Wie groß die Übereinstimmung zwischen Menschen und nichtmenschlichen Säugetieren ist, zeigt sich auch, wenn es um den Zusammenhang von sozialer Umwelt, Verhalten und Stress geht. Die Gesetzmäßigkeiten, die in den vergangenen Kapiteln hier für die nichtmenschlichen Säugetiere demonstriert worden sind, gelten nahezu identisch auch für den Menschen: Wenn Individuen in ein stabiles Sozialsystem eingebunden und ihre sozialen Beziehungen geklärt sind, dann treten kaum Stressreaktionen auf. Im Gegensatz dazu führen soziale Instabilität und ungeklärte soziale Beziehungen zu starker Ausschüttung von Stresshormonen. Langfristig kommt es dann zu einer erhöhten Anfälligkeit für dieselben Krankheiten, ganz gleich, ob bei

Mensch oder Tier. Auch bei der Frage, was vor Stress schützt, finden wir für die nichtmenschlichen Säugetiere und den Menschen dieselbe Antwort: Der beste Stresspuffer sind gute Sozialpartnerinnen und Sozialpartner. Je besser die sozialen Beziehungen, desto besser der Schutz vor Stress.

Wie wir Menschen haben auch die nichtmenschlichen Säugetiere Emotionen. Wie bei uns können sie von positiver oder negativer Art sein und werden je nach Situation und Persönlichkeit unterschiedlich stark ausgedrückt. Nach dem gegenwärtigen Stand des Wissens werden zumindest basale Emotionen wie Furcht, Angst oder Freude bei Mensch und Tier von den gleichen neuronalen Schaltkreisen erzeugt und gesteuert. Zwar kann die Frage, wie viele und welche Emotionen unsere nichtmenschlichen Verwandten haben, wissenschaftlich (noch) nicht beantwortet werden. Auch gibt es gute Gründe anzunehmen, dass nicht alle menschlichen Emotionen bei den Tieren und nicht alle tierischen Emotionen beim Menschen vorkommen. Insgesamt bleibt aber die Erkenntnis, dass die nichtmenschlichen Säugetiere ebenso wie wir Menschen empfindungsfähige Lebewesen mit prinzipiell vergleichbaren Emotionen sind.

Es steckt sehr viel Mensch im Tier, und deshalb gibt es viele Gemeinsamkeiten, die für alle Säugetiere einschließlich des Menschen gelten. Allerdings wird diese Erkenntnis in Diskussionen über den Menschen häufig ignoriert. Wenn die Entwicklung des Verhaltens bei den nichtmenschlichen Säugetieren ein offener Prozess ist, dessen Verlauf weder bei der Zeugung, noch bei der Geburt und auch nicht am Ende der Kindheit festliegt, dann sollten wir auch beim Menschen nicht von einer biologischen Vorherbestimmung ausgehen. Wenn nichtmenschliche Säugetiere während der Adoleszenz lernen können, sich stressfrei und friedlich mit Fremden zu arrangieren, dann sprechen auch keinerlei biologische Gründe dafür, dass der Mensch hierzu nicht in der Lage wäre. Wenn bei den nichtmenschlichen Säugetieren die Gene das Verhalten nicht determinieren, dann sollten sie das beim Menschen auch nicht tun. Und wenn bei den nichtmenschlichen Säugetieren gute soziale Beziehungen und positive Emotionen die beste Medizin gegen Stress und Krankheit sind, dann sollten sie das beim Menschen ebenfalls sein.

Die verhaltensbiologischen Forschungsergebnisse, die die Öffentlichkeit in den letzten Jahren am stärksten interessierten, betrafen die kognitiven Leistungen der Tiere. Das ist vermutlich deshalb so, weil die jüngsten Erkenntnisse hierzu das Selbstverständnis des Menschen unmittelbar berühren. Denn traditionell galt nur der Mensch als vernunftbegabtes Wesen.

Dieses Dogma wurde in den vergangenen Jahren allerdings nachhaltig erschüttert. Heute wissen wir: Bestimmte Tiere können nicht nur lernen, sondern auch denken; sie formen Werkzeuge und setzen sie zielgerichtet ein, sie machen Erfindungen und geben sie als kulturelle Traditionen von Generation zu Generation weiter. Sie erkennen sich im Spiegel, haben Vorstellungen davon, was andere Artgenossen wahrnehmen, und sie nutzen dieses Wissen, um ihre eigenen Ziele zu verfolgen. Diese Ergebnisse legen nahe, dass auch ein Menschenaffe, ein Delfin oder ein Elefant weiß, wer er ist, dass er wie der Mensch über ein Ich-Bewusstsein verfügen könnte.

Zweifellos besitzt der Mensch von allen Lebewesen die höchsten kognitiven Fähigkeiten. Wie die Untersuchungen an Vögeln zeigen, führt die Evolution zu höheren kognitiven Funktionen aber nicht schnurstracks zu unserer eigenen Spezies. Lange hatte es so ausgesehen, als ob unsere nächsten Verwandten, die Menschenaffen, die «intelligentesten» Tiere wären. Nach dem aktuellen Stand der Forschung stehen die Rabenvögel den Menschenaffen diesbezüglich aber in nichts nach. Die Entwicklungslinien von Säugetieren und Vögeln haben sich aber bereits vor Hunderten von Millionen Jahren getrennt. Deshalb ist die Evolution zu höheren kognitiven Funktionen keinesfalls ein unidirektionaler Prozess, an deren Ende der Mensch als «Krone der Schöpfung» stünde.

Bei so viel Übereinstimmung: Was unterscheidet den Menschen letztlich vom Tier? Tiere können differenziert und effizient mit Hilfe von Lautäußerungen kommunizieren, und neuere Forschungen rücken die Sprache der Tiere näher an die menschliche Sprache heran. Allerdings ist die komplexe Art und Weise, in der sich Menschen verständigen – wie sie sich beispielsweise über Ereignisse in der Vergangenheit, Gegenwart und Zukunft austauschen –, bei Tieren nicht bekannt. Zwar können Tiere denken, und vielleicht ist bei ihnen ein Ich-Bewusstsein vorhanden, aber sie scheinen, wenn überhaupt, dann nur in sehr geringem Maß über sich und die Welt zu reflektieren. Zwar können Tiere für einige Stunden oder wenige Tage im Voraus planen, sie können aber nicht auf Wochen, Monate oder Jahre bewusst in die Zukunft projizieren. Tiere können ihre Kinder lehren, wie ein Werkzeug zu benutzen oder eine bestimmte Beute zu erjagen ist; eine durch Normen geleitete Erziehung auf Erziehungsziele hin kommt aber bestenfalls in Ansätzen vor. Tiere können innovative Erfindungen machen, die sich in ihrer Gruppe ausbreiten und von Generation zu Generation weitergegeben werden. Es kommt aber nicht dazu, dass diese Erfindungen von anderen Individuen weiterentwickelt und verbessert werden. Wie der amerikanische Entwicklungspsychologe Michael Tomasello treffend feststellt, gibt es bei Tieren keine kumulative kulturelle Evolution.

Häufig wird diskutiert, ob der Unterschied zwischen Mensch und Tier gradueller oder kategorischer Natur ist. Einerseits komponiert kein Tier eine Symphonie, schreibt einen Roman, baut eine Kathedrale oder formuliert ein Aktionsprogramm angesichts des Klimawandels. Andererseits sind Tiere zu kognitiven Leistungen fähig, zu denen zwei-, drei- oder vierjährige Kinder unserer eigenen Spezies nicht in der Lage sind.

Und es gibt kaum eine menschliche Eigenschaft oder Fähigkeit, die nicht zumindest in Ansätzen bereits bei den nichtmenschlichen Säugetieren vorhanden ist. Aus verhaltensbiologischer Sicht sind uns die Tiere nähergerückt. Es steckt bereits sehr viel Mensch im Tier. Ob zwischen uns und ihnen deshalb ein quantitativer oder qualitativer Unterschied besteht, lässt sich anhand der verhaltensbiologischen Daten aber nicht entscheiden. Die Beantwortung dieser Frage liegt letztlich bei jedem selbst.

Die Tiere sind uns aber auch noch in einem weiteren Bereich nähergerückt, der in der öffentlichen Diskussion oft in Vergessenheit gerät. Hier überwiegt vorrangig das Bild der – nach menschlichen Moralvorstellungen – «guten Tiere». Es ist richtig, dass das soziale Leben vieler Säugetiere durch prosoziales Verhalten, umfangreiche Kooperation und Harmonie gekennzeichnet ist. Und wie allen voran der niederländische Affenforscher Frans de Waal in beeindruckenden Untersuchungen herausfand, haben Vertreter mancher Arten sogar einen Sinn für Fairness, verstehen und teilen die Emotionen anderer, trösten Gruppenmitglieder bei Bedarf und verfügen im Falle von Konflikten über ausgeklügelte Mechanismen der Lösung und Versöhnung.

Es ist aber auch richtig, dass ebendiese Tiere zur Durchsetzung ihrer Interessen drohen und kämpfen, nötigen und vergewaltigen und nicht davor zurückschrecken, Artgenossen umzubringen. Bei Schimpansen sind selbst kriegerische Auseinandersetzungen kein Einzelfall. Die klassischen Ethologen waren der Meinung, dass sich Tiere zum Wohle der Art verhalten und eine Hemmung besteht, Artgenossen zu töten. Eine generelle Tötungshemmung gegenüber Mitgliedern der eigenen Spezies existiert aber offenbar nicht.

Wir gehen heute davon aus, dass Tiere sich nicht primär zum Wohle der Art verhalten. Es herrscht vielmehr das «Prinzip Eigennutz». Sie tun alles, um mit maximaler Effizienz ihre eigenen Gene in die nächste Generation weiterzugeben. Wenn sie dieses Ziel am besten erreichen, indem sie anderen helfen und mit ihnen kooperieren, so tun sie es. Wenn sie dieses Ziel aber durch Nötigung, Aggression oder das Töten von Artgenossen erreichen, dann werden sie sich entsprechend verhalten. Die «besseren Menschen» sind die Tiere nicht! Vielmehr könnte allein der Mensch durch die Errungenschaften seiner Kultur – Menschenrechte, Erziehung zu Frieden und Toleranz oder Gleichheit vor dem Gesetz – in der Lage sein, dem Diktat der egoistischen Gene zu entgehen.

Fazit

Die Verhaltensbiologie hat in den letzten Jahrzehnten gleich mehrere Paradigmenwechsel erlebt: von der Arterhaltung zur Verwandten- und Individualselektion, von den angeborenen Instinkten zur Gen-Umwelt-Interaktion und epigenetischen Vererbung, von der schablonenhaften Entwicklung zur lebenslangen Verhaltensplastizität, vom gleichförmigen Verhalten zur Tierpersönlichkeit, vom konditionierten Lernen zur «kognitiven Wende», von der Ausklammerung der Gefühle zum «emotional turn», von Pathologie-Vorstellungen zu der Erkenntnis, dass «Abweichungen» adaptiv sein können – bis hin zu der Einsicht, dass ein tiergerechtes Leben in menschlicher Obhut mehr bedeutet, als gesund und fortpflanzungsfähig zu sein. Diese Paradigmenwechsel haben zu einer Revolution des Tierbildes geführt, das uns hilft, Tiere besser zu verstehen. Es kann auch dazu beitragen, ihnen ein tiergerechtes Leben zu ermöglichen. Gleichzeitig zeigt es, wie nah wir den Tieren sind. Der Abstand zwischen uns und ihnen ist geringer geworden. Es steckt also wirklich sehr viel mehr Mensch im Tier, als wir uns vor wenigen Jahren noch haben vorstellen können!

BENUTZTE UND EMPFOHLENE LITERATUR

Zu Kapitel 1:

1. Darwin, C., The Expression of the Emotions in Man and Animals. (Reprint) The University of Chicago Press, Chicago, London, 1965 (Original: 1872).
2. Darwin, C., Die Entstehung der Arten. Neudruck Reclam, Stuttgart, 1981 (Original 1859).
3. Franck, D., Eine Wissenschaft im Aufbruch. Chronik der Ethologischen Gesellschaft 1949-2000. Verlag Niel & More, Hamburg, 2008.
4. Frisch, K. v., Tanzsprache und Orientierung der Bienen. Springer, Berlin, Heidelberg, 1965.
5. Immelmann, K., Wörterbuch der Verhaltensforschung. Verlag Paul Parey, Berlin, Hamburg, 1982.
6. Kaiser Friedrich der Zweite, Über die Kunst, mit Vögeln zu jagen. Insel-Verlag, Frankfurt, 1965.
7. Lorenz, K., Der Kumpan in der Umwelt des Vogels. Journal für Ornithologie 83, 137-213 und 289-413, 1935.
8. Lorenz, K., Vergleichende Bewegungsstudien an Anatiden. Journal für Ornithologie 89, Ergänzungsband, 194-293, 1941.
9. Naguib, M., Methoden der Verhaltensbiologie. Springer-Verlag, Berlin, Heidelberg, 2006.
10. Pfungst, O., Der kluge Hans (Nachdruck der Originalausgabe von 1907). Fachbuchhandlung für Psychologie, Frankfurt, 1983.
11. Tinbergen, N., The Study of Instinct. Oxford University Press, London, 1951.
12. Tinbergen, N., On the aims and methods of ethology. Zeitschrift für Tierpsychologie 20, 410-433, 1963.
13. Zippelius, H. M., Die vermessene Theorie. Friedr. Vieweg & Sohn Verlagsgesellschaft, Braunschweig, Wiesbaden, 1992.

Zu Kapitel 2:

1. Bradley, A. J., McDonald, I. R., Lee, A. K., Stress and mortality in a small marsupial (Antechinus stuartii, Macleay). General and Comparative Endocrinology 40, 188–200, 1980.
2. Cannon, W. B., Bodily Changes in Pain, Hunger, Fear and Rage. Branford, Boston, 1929.
3. Christian, J. J., Phenomena associated with population density. Proceedings of the National Academy of Sciences of the USA 47, 428–449, 1961.
4. Gesquiere, L. R., Learn, N. H., Simao, M. C. M.,Onyango, P. O., Alberts, S. C., Altmann, J., Life at the top: Rank and stress in wild male baboons. Science 333, 357–360, 2011.
5. Hennessy, M. B., Kaiser, S., Sachser, N., Social buffering of the stress response: Diversity, mechanisms, and functions. Frontiers in Neuroendocrinology 30, 470–482, 2009.
6. Henry, J. P., Stephens, P. M., Stress, Health, and the Social Environment. A Sociobiologic Approach to Medicine. Springer, New York, 1977.
7. Kaplan, J. R., Manuck, S. B., Clarkson, T. B., Lusso, F. M., Taub, D. M., Social status, environment, and atherosclerosis in cynomolgus monkeys. Arteriosclerosis 2, 359–368, 1982.
8. Koolhaas, J. M., Korte, J. M., de Boer, S. F., van der Vegt, B. J., Hopster, H., de Jong, I. C., Ruis, M. A. W., Blokhuis, H. J., Coping styles in animals: current status in behaviour and stress-physiology. Neuroscience & Biobehavioral Reviews 23, 925–935, 1999.
9. McEwen, B. S., Wingfield, J. C., The concept of allostasis in biology and biomedicine. Hormones and Behavior 43: 2–15, 2003.
10. Sachser, N., Dürschlag, M., Hirzel, D., Social relationships and the management of stress. Psychoneuroendocrinology 23, 891–904, 1998.
11. Sachser, N., Kaiser, S., Meerschweinchen als Sozialstrategen. Spektrum der Wissenschaft, Januar 2010, 56–63, 2010.
12. Selye, H., Stress. Acta, Montreal, 1950.
13. Von Holst, D., The concept of stress and its relevance for animal behaviour. Advances in the Study of Behavior 17, 1–131, 1998.
14. Young, C., Majolo, B., Heistermann, M., Schülke, O., Ostner, J., Responses to social and environmental stress are attenuated by strong male bonds in wild macaques. Proceedings of the National Academy of Sciences of the USA 111, 18 195–18 200, 2014.

Zu Kapitel 3:

1. Broom, D. M., Johnson, K. G., Stress and Animal Welfare. London, 1993.
2. Clubb, R., Mason, G., Animal welfare: captivity effects on wide-ranging carnivores. Nature 425: 473-474, 2003.
3. Current Biology, Biology of Fun, 25th Anniversary Special Issue, Issue 1: R1-R30, 2015.
4. Dawkins, M. S., From an animal's point of view: Motivation, fitness, and animal welfare. Behavioural and Brain Sciences 13: 1-9 and 54-61, 1990.
5. Harris, C. R., Prouvost, C., Jealousy in dogs. PLOS One 9: issue 7, e94597, 2014.
6. Kaiser, S., Classen, D., Sachser, N., Auswirkungen unterschiedlicher struktureller Anreicherungen auf das Spontanverhalten weiblicher Labormäuse (Stamm NMRI). In: Aktuelle Arbeiten zur artgemäßen Tierhaltung 1998. KTBL-Schrift 382: 56-62, 1999.
7. Panksepp, J., Beyond a joke: from animal laughter to human joy? Science 308: 62-63, 2005.
8. Paul, E. S., Harding, E. J., Mendl, M., Measuring emotional processes in animals: the utility of a cognitive approach. Neuroscience & Biobehavioral Reviews 29: 469-491, 2005.
9. Richter, S. H., Sachser, N., Kaiser, S., Tiere und Emotionen. In: Handbuch Tierethik, Ach, J. S., Borchers, D. (Hrsg.), J. B. Metzler, Stuttgart, im Druck.
10. Sachser, N., Sozialphysiologische Untersuchungen an Hausmeerschweinchen. Gruppenstrukturen, soziale Situation und Endokrinium, Wohlergehen. Verlag Paul Parey, Berlin und Hamburg, 1994.
11. Sachser, N.: Was bringen Präferenztests? In: Aktuelle Arbeiten zur artgemäßen Tierhaltung 1997. KTBL Schrift 380. Darmstadt: 9-20, 1998.
12. Sachser, N., What is important to achieve good welfare in animals? In: Broom, D. M. (Hrsg.), Coping with challenge: welfare in animals including humans. Dahlem Workshop Report 87, Dahlem University Press, Berlin, S. 31-48, 2001.
13. Sachser, N., Neugier, Spiel und Lernen: Verhaltensbiologische Anmerkungen zur Kindheit. Zeitschrift für Pädagogik: 475-486, 2004.
14. Sachser, N., Richter, S. H., Kaiser, S., Artgerecht - tiergerecht: eine biologische Perspektive. In: Handbuch Tierethik, Ach, J. S., Borchers, D. (Hrsg.), J. B. Metzler, Stuttgart, im Druck.

15. Schmidt, C., Sachser, N., Auswirkungen unterschiedlicher Futterverteilungen auf Verhalten und Speichel-Streßhormonkonzentrationen von Breitmaulnashörnern im Allwetterzoo Münster. In: Aktuelle Arbeiten zur artgemäßen Tierhaltung 1996. KTBL-Schrift 376: 188–198, 1997.

Zu Kapitel 4:

1. Ambrée, O., Leimer, U., Herring, A., Görtz, N., Sachser, N., Heneka, M.T., Paulus, W., Keyvani, K., Reduction of amyolid angiopathy and Aβ plaque burden after enriched housing of TgCRND8 mice. The American Journal of Pathology: 169: 544–552, 2006.
2. Belsky, J., Jonassaint, C., Pluess, M., Stanton, M., Brummett, B., Williams, R., Vulnerability genes or plasticity genes? Molecular Psychiatry 14: 746–754, 2009.
3. Brunner, H.G., Nelen, M., Breakefield, X.O., Ropers, H.H., van Ost, B.A., Abnormal behavior associated with a point mutation in the structural gene for Monoamine Oxidase A. Science 262: 578–580, 1993.
4. Cases, O., Seif, I., Grimsby, J., Gaspar, P., Chen, K., Pournin, S., Müller, U., Aguet, M., Aggressive behaviour and altered amounts of brain serotonin and norepinephrine in mice lacking MAOA. Science 268: 1763–1766, 1995.
5. Caspi, A., Sugden, K., Moffitt, T.E., Taylor, A., Craig, I.W., Harrington, H., McClay, J., Mill, J. Martin, J., Braithwaite, A., Poulton, R., Influence of life stress on depression: Moderation by a polymorphism in the 5-HTT gene. Science 301: 386–389, 2003.
6. Cooper, R.M., Zubek, J.P., Effects of enriched and restricted early environments on the learning abilitiy of bright and dull rats. Canadian Journal of Psychology 12: 159–164, 1958.
7. Dias, B.G., Ressler, K.J., Parental olfactory experience influences behaviour and neural structure in subsequent generations. Nature Neuroscience 17: 89–96, 2014.
8. Epstein, R., Lanza, R.P., Skinner, B.F., Symbolic communication between two pigeons (Columba livia domestica). Science 207: 543–545, 1980.
9. Glocker, M.L., Langleben, D.D., Ruparel, K., Loughead, J.W., Gur, R.C., Sachser, N., Baby schema in infant faces induces cuteness perception and motivation for caretaking in adults. Ethology 115: 257–263, 2009.
10. Glocker, M.L., Langleben, D.D., Ruparel, K., Loughead, J.W., Valdez, J.N.,

Griffin M. D., Sachser, N., Gur, R. C., Baby schema modulates the brain reward system in nulliparous women. Proceedings of the National Academy of Sciences of the USA 106: 9115–9119, 2009.
11. Heiming, R. S., Jansen, F., Lewejohann, L., Kaiser, S., Schmitt, A., Lesch, K. P., Sachser, N., Living in a dangerous world: the shaping of behavioural profile by early environment and 5-HTT genotype. Frontiers in Behavioural Neuroscience 3: 26, 2009.
12. Immelmann, K., Pröve, E., Sossinka, R., Einführung in die Verhaltensforschung. 4. Aufl., Wien, 1996.
13. Lewejohann, L., Reefmann, N., Widmann, P., Ambrée, O., Herring, A., Keyvani, K., Paulus, W., Sachser, N., Transgenic Alzheimer mice in a semi naturalistic environment: More plaques, yet not compromised in daily life. Behavioural Brain Research 201: 99–102, 2009.
14. Meaney, J. M., Maternal care, gene expression, and the transmission of individual differences in stress reactivity across generations. Annual Review of Neuroscience 24: 1161–1192, 2001.
15. Sachser, N., Lesch, K. P., Das Zusammenspiel von Genotyp und Umwelt bei der Entwicklung von Furcht und Angst. Neuroforum 3: 104–109, 2013.
16. Seyfarth, R. M., Cheney, D. L., Wie Affen sich verstehen. Spektrum der Wissenschaft 2: 88–95, 1993.
17. Weaver, I. C. G., Cervoni, N., Champagne, F. A., D'Alessio, A. C., Sharma, S., Seckl, J. R., Dymov, S., Szyf, M., Meaney, M. J., Epigenetic programming by maternal behavior. Nature Neuroscience 7: 847–854, 2004.

Zu Kapitel 5:

1. Brosnan, S. F., de Waal, F. B. M., Monkeys reject unequal pay. Nature 425: 297–299, 2003.
2. Bugnyar, T., Heinrich, B., Ravens, Corvus corax, differentiate between knowledgeable and ignorant competitors. Proceedings of the Royal Society of London B 272: 1641–1646, 2005.
3. Emery, N. J., Clayton, N., The mentality of crows: convergent evolution of intelligence in corvids and apes. Science 306: 1903–1907, 2004.
4. Gallup, G. G., Chimpanzees: self-recognition. Science 167: 86–87, 1970.
5. Griffin, D. R., Animal Thinking. The Harvard University Press, Cambridge, MA, 1984.

6. Goodall, J., Tool-using and aimed throwing in a community of free-living chimpanzees. Nature 201: 1264–166, 1964.
7. Güntürkün, O., Bugnyar, T., Cognition without cortex. Trends in Cognitive Sciences 20: 291–303, 2016.
8. Hare, B., Call, J., Tomasello, M., Do chimpanzees know what conspecifics know? Animal Behaviour 61: 139–151, 2001.
9. Hunt, G. R., Manufacture and use of hook-tools by New Caledonian crows. Nature 379: 249–251, 1996.
10. Izawa, K., Die Affenkultur der Rotgesichtsmakaken. In: Grzimek, B. (Hrsg.): Grzimeks Enzyklopädie Säugetiere. München: Kindler Verlag, 286–295, 1988.
11. Kaminski, J., Call, J., Fischer, J., Word learning in a domestic dog: evidence for «fast mapping». Science 304: 1682–683, 2004.
12. Köhler, W., Intelligenzprüfungen an Menschenaffen. Unveränderter Nachdruck der 2. Aufl. von 1921. Springer, Berlin, Göttingen, Heidelberg, 1963.
13. Krupenye, C., Kano, F., Hirata, S., Call, J., Tomasello, M., Great apes anticipate that other individuals will act according to false beliefs. Science 354: 110–114, 2016.
14. Manning, A., Dawkins, M. S., An Introduction to Animal Behaviour. 6th Ed., Chp V: Learning and Memory. Cambridge University Press, Cambridge, 2012.
15. Mendes, N., Hanus D., Call, J., Raising the level: Orangutans use water as tool. Biology Letters 3: 453–455, 2007.
16. Mercader, J., Barton, H., Gillespie, J., Harris, J., Kuhn, S., Tyler, R., Boesch, C., 4300-year-old chimpanzee sites and the origins of percussive stone technology. Proceedings of the National Academy of Sciences USA 104: 3043–3048, 2007.
17. Pawlow, I. P., Die bedingten Reflexe. Kindler Verlag, München, 1972.
18. Rensch, B., Döhl, J., Wahlen zwischen zwei überschaubaren Labyrinthwegen durch einen Schimpansen. Zeitschrift für Tierpsychologie 25: 216–231, 1968.
19. Skinner, B. F., The Behavior of Organisms. New York, Appleton-Century-Crofts; 20, 1938.
20. Van Schaik, C. P., Ancrenaz, M., Borgen, G., Galdikas, B., Knott, C. D., Singleton, I., Suzuki, A., Utami, S. C., Merrill, M., Orangutan cultures and the evolution of material culture. Science 299: 102–105, 2003.

Zu Kapitel 6:

1. Agrawal, A. A., Laforsch, C., Tollrian, R., Transgenerational induction of defences in animals and plants. Nature 401: 60–63, 1999.
2. Bateson, P., Gluckman, P., Hanson, M., The biology of developmental plasticity and the Predictive Adaptive Response hypothesis. Journal of Physiology 592: 2357–2368, 2014.
3. Dall, S. R. X., Houston, A. I., McNamara, J. M., The behavioural ecology of personality: consistent individual differences from an adaptive perspective. Ecology Letters 7: 734–739, 2004.
4. Dingemanse, N. J., Bouwman, K. M., van de Pol, M., van Overveld, T., Patrick, S. C., Mattysen, E., Quinn, J. L., Variation in personality and behavioural plasticity across four populations of great tit Parus major. Journal of Animal Ecology 81: 116–126, 2012.
5. Freund, J., Brandmaier, A. M., Lewejohann, L., Kirste, I., Kritzler, M., Krüger, A., Sachser, N., Lindenberger, U., Kempermann, G., Emergence of individuality in genetically identical mice. Science 340: 756–759, 2013.
6. Harlow, H. F., Harlow, M., Social deprivation in monkeys. Scientific American 207: 136–146, 1962.
7. Immelmann, K., Barlow, G., Petrinovitch, L., Main, M., Behavioral development: the Bielefeld Interdisciplinary Project. Cambridge University Press, Cambridge, 1981.
8. Kaiser, S., Sachser, N., The effects of prenatal stress on behaviour: mechanisms and function. Neuroscience and Biobehavioral Reviews 29: 283–294, 2005.
9. Mousseau, T. A., Fox, C. W., The adaptive significance of maternal effects. Trends in Ecology and Evolution 13: 403–407, 1998.
10. Réale, D., Reader, S. M., Sol, D., McDougall, P. T., Dingemanse, N. J., Integrating animal temperament within ecology and evolution. Biological Reviews Cambridge Philosophical Society 82: 291–318, 2007.
11. Sachser, N., Hennessy, M. B., Kaiser, S., Adaptive modulation of behavioural profiles by social stress during early phases of life and adolescence. Neuroscience & Biobehavioral Reviews 35: 1518–1533, 2011.
12. Sachser, N., Kaiser, S., Hennessy, M. B., Behavioural profiles are shaped by social experiences: when, how and why. Philosophical Transactions of the Royal Society B 368: 201203344, 2013.

13. Sih, A., Bell A. M., Johnson, J. C., Ziemba, R. E., Behavioral syndromes: an integrative overview. Quarterly Review of Biology 79: 241–277, 2004.
14. Spear, L. P., The adolescent brain and age-related behavioral manifestations. Neuroscience & Biobehavioral Reviews 24: 417–463, 2000.
15. Trivers, R. L., Parent-offspring conflict. American Zoologist 14: 249–264, 1974.
16. Zimmermann, T. D., Kaiser, S., Hennessy, M. B., Sachser, N., Adaptive shaping of the behavioural and neuroendocrine phenotype during adolescence. Proceedings of the Royal Society B, DOI: 10.1098/rspb.2016.2784, 2017.

Zu Kapitel 7:

1. Adrian, O., Brockmann, I., Hohoff, C., Sachser, N., Paternal behaviour in wild guinea pigs: A comparative study in three closely related species with different social and mating systems. Journal of Zoology (London) 265: 97–105, 2005.
2. Adrian, O., Sachser, N., Diversity of social and mating systems in cavies. Journal of Mammalogy 92: 39–53, 2011.
3. Alcock, J., Animal Behavior. 9th Edition, Sinaur, Sunderland, Ma., 2009.
4. Bradbury, J. W., Andersson, M. B., Sexual Selection: Testing the Alternatives. Wiley, Chichester, 1987.
5. Carter, G. G., Wilkinson, G. S., Food sharing in vampire bats: reciprocal help predicts donations more than relatedness or harassment. Proceedings of the Royal Society of London B 280: 20122573, 2013.
6. Clutton-Brock, T. H., Cooperation between non-kin in animal societies. Nature 462: 51–57, 2009.
7. Clutton-Brock, T. H., Mammal Societies. John Wiley & Sons, Chichester, West Sussex, 2016.
8. Clutton-Brock, T. H., Guiness, F. E., Albon, S. D., Red deer. Behavior and Ecology of Two Sexes. The University of Chicago Press, Chicago, 1982.
9. Darwin, C., Die Entstehung der Arten. Neudruck Reclam, Stuttgart, 1981 (Original 1859).
10. Dawkins, R., The Selfish Gene. Oxford University Press, Oxford, 1976.
11. Gilg, O., Hanski, I., Sittler, B., Cyclic dynamics in a simple vertebrate predator-prey community. Science 203: 866–868, 2003.

12. Hamilton, W. D., The genetical theory of social behaviour, I, II. Journal of Theoretical Biology 7: 1–52, 1964.
13. Hofer, H.; East, M. L., Siblicide in Serengeti spotted hyenas: a long-term study of maternal input and cub survival. Behavioural Ecology and Sociobiology 62: 341–351, 2008.
14. Hrdy, S. B., Infanticide among animals: review, classification, and examination of the implications for reproductive strategies of females. Ethology and Sociobiology 1: 13–40, 1979.
15. Kappeler, P., Verhaltensbiologie. 3. Auflage, Springer, Heidelberg, 2012
16. Keil, A., Sachser, N., Reproductive benefits from female promiscuous mating in a small mammal. Ethology 104: 897–903, 1998.
17. Kempenaers, B., Verheyen, G. R., Vandenbroeck, M., Burke, T., van Broeckhoven, C., Dhont, A. A., Extra-pair paternity results from female preference for high-quality males in the blue tit. Nature 357: 494–496, 1992.
18. Packer, C., Pusey, A. E., Infanticide in carnivores. In: Infanticide: Comparative and Evolutionary Perspectives. Editors: Hausfater, G., Hrdy, S. B., Aldine, New York, S. 31–42, 1984.
19. Sachser, N., Kaiser, S., Meerschweinchen als Sozialstrategen. Spektrum der Wissenschaft, Januar 2010, 56–63, 2010.
20. Sherman, P. W., Nepotism and the evolution of alarm calls. Science 197: 1246–1253, 1977.
21. Trivers, R. L., The evolution of reciprocal altruism. The Quarterly Review of Biology 46: 35–57, 1971.
22. Trivers, R., Social Evolution. The Benjamin/Cummings Publishing Company, Inc., Menlo Park, Ca., 1985.
23. Wickler, W., Seibt, U., Das Prinzip Eigennutz. Ursachen und Konsequenzen sozialen Verhaltens. Hoffmann und Campe, Hamburg, 1977.
24. Wilkinson, G. S., Reciprocal food sharing in the vampire bat. Nature 308: 181–184, 1984.
25. Wilson, E. O., Sociobiology. The New Synthesis. The Belknap Press of Harvard University Press, Cambridge, Ma., 1975.
26. Wilson, M. L., Boesch, C., Fruth, B., Furuichi, T., et al., Lethal aggression in Pan is better explained by adaptive strategies than human impacts. Nature 513: 414–417, 2014.

Zu Kapitel 8:

1. De Waal, F., Are we smart enough to know how smart animals are? New York, W. W. Norton & Company Inc, 2016.
2. Kershenbaum, A., Bowles, A. E., Freeberg, T. M., Jin, D. Z., Lameira, A. R., Bohn, K., Animal vocal sequences: not the Markov chains we thought they were. Proceedings of the Royal Society B 281: DOI: 10.1098/rspb.2014.1370, 2017.
3. Lorenz, K., Das sogenannte Böse. Wien, Borotha-Schoeler Verlag, 1963.
4. Natterson-Horowitz, B., Bowers, K., Zoobiguity: What animals can teach us about health and the science of healing. New York, Alfred A. Knopf, 2012.
5. Raby, C. R., Alexis, D. M., Dickinson, A., Clayton, N. S., Planning for the future by Western scrub-jays. Nature 445: 919–921, 2007.
6. Thornton, A., McAuliffe, K., Teaching in wild meerkatz. Science 313: 227–229, 2006.
7. Tomasello, M., Die kulturelle Entwicklung des menschlichen Denkens. Zur Evolution der Kognition. Berlin, Suhrkamp Verlag, 2006.